U0623956

纸上魔方 / 编著

数学是个大侦探

山东人民出版社

全国百佳图书出版单位 国家一级出版社

图书在版编目（CIP）数据

数学王国奇遇记. 数学是个大侦探 / 纸上魔方编著.
— 济南：山东人民出版社，2014.5
ISBN 978-7-209-06355-5

Ⅰ. ①数… Ⅱ. ①纸… Ⅲ. ①数学－少儿读物 Ⅳ.
① O1-49

中国版本图书馆 CIP 数据核字 (2014) 第 028605 号

责任编辑：王　路

数学是个大侦探

纸上魔方　编著

山东出版传媒股份有限公司
山东人民出版社出版发行
社　　址：济南市经九路胜利大街 39 号　邮　编：250001
网　　址：http:// www.sd-book.com.cn
发行部：（0531）82098027 82098028
新华书店经销
大厂回族自治县正兴印务有限公司印装
规　格　16 开（170mm×240mm）
印　张　10
字　数　150 千字
版　次　2014 年 5 月第 1 版
印　次　2014 年 5 月第 1 次
ISBN 978-7-209-06355-5
定　价　24.80 元
如有质量问题，请与印刷厂调换。（0316）8982888

前 言

　　本书关注孩子们的阅读需要，是集众多专家学者的智慧，专门为中国少年儿童打造的百科全书，该书知识权威全面，体系严谨，所涉及的领域广阔，既有自然科学，又有人类文明，包括科技发明、数学趣闻、历史回顾、医学探秘、建筑博览、人体奥秘、物理园地、神秘图形、饮食大观、时间之谜、侦探发明等多方面内容。让孩子们开阔眼界的同时，帮助孩子打造一生知识的坚实基座。同时，该书的插画出自一流的插图师之手，细腻而真实地还原了大千世界的纷纭万象，并用启发性的语言，或者开放式的结尾，启发孩子思考，激发孩子们的无穷想象力。

　　总之，本书图文并茂、生动有趣、集科学性、知识性、实用性、趣味性于一体，是少年儿童最佳的课外知识读物。

目 录

第二章　小小线索大发现

第三章　计算一下找答案

第四章　数学巧算现谜底

第一章

数字密码的秘密

让强盗头疼的马

有一天，有四个强盗在赶路，他们身上的钱财快花完了。老大眼珠一转，说："我们快没有钱花了，不如去抢点东西好卖钱。"另外三个人都点头表示赞成。

他们四个人来到了一个村庄，看看有什么可以抢的，无意间发现村庄外有一个马场。这四个人冲进马场里，面露凶相，恶狠狠地对里面的人说："都不许动，我们是来抢马的。"

那些老实的农民没有见过这样的场面，都吓得不敢动了，只好眼睁睁地看着强盗直接把一些马牵走了。等强盗都离开了，农民伯伯才急急忙忙把探长找来。探长说："放心吧伯伯，我一定帮你把那些强盗抓住，你一共丢了多少匹马？"

农民说："一共丢了17匹马。"

探长说："17匹一定都追回来，一匹都不少。"说完，探长骑着自己的马追了

上去。

四个强盗牵着马得意洋洋地离开了村子。他们来到河边的时候，发现河上的那座桥上树立着一块牌子，牌子上写着：一次通过的重量不能超过100千克，否则桥就会塌掉。

一个强盗说："这真是个问题。这些马一看就很重，肯定超过了100千克，怎么才能把马运过去呢？"

另一个强盗说："是啊，好不容易抢来的马，总不能丢下吧？"

强盗头子说："当然不能丢下不要。我想到一个好办法，我们人从桥上过，手里牵着马的绳子，让马从河里过不就行了吗？"

另外三个强盗听了很高兴："对啊，真是个好主意。"

　　他们几个就用这个方法，一个一个牵着马走过了河。不一会儿，后面的探长也追了上来，他也用同样的方法，让马从河里过去了。

　　四个强盗经过了一家商店，他们看到那个商店里只有一个年老的妇人在看着，顿时心生歹念，就冲过去把那个商店里的钱都抢走了。

　　强盗们看到今天抢到不少东西，心里都很高兴，其中一个忍不住对老大说："老大，现在我们有钱了，是不是该把刚才抢到的钱分一下呀？"其他强盗听了也不约而同地附和着。他们最喜欢做的事就是分钱了。

可是老大却不愿意和他们分钱，他说："这些钱都归我一个人了，抢到的17匹马就让你们分吧。我有自己原来的这匹就够了，不跟你们分了。"

三个强盗虽然不愿意，可是没人敢反对老大的意见，他们相互看了一眼，只好同意了。

老二问道："老大，17匹马我们要怎么分配呀？"

老大想了想说："按照我的方法来分配，老二分这些马的二分之一，老三要这些马的三分之一，老四要这些马的九分之一。"

老二想了想说："还是不行啊。17不能被分成两半呀，也不能平均分成三份和九份。难道我们要把一匹马砍成两半吗？"

几个人一直找不到一个分马的统一办法，开始停在那里争吵起来。后面的探长很快追了上来，他大声问："你们这些马是哪里来的？"

强盗们都说："是我们自己的。"

探长又问："那你们每人几匹马？"

强盗们都回答不上来了，一时慌了阵脚。探长举起枪说："别撒谎了，这些马是你们偷来的。"

强盗们只好承认了这些马不是自己的，只好乖乖束手就擒。探长把他们都抓了起来。在去的路上，他们都奋

拉着脑袋。探长问："你们刚才在吵什么？"

老大说："我们在商量怎么分马。"于是，他把自己想到的分配方案说了一遍。

探长听了，哈哈大笑："其实方法很简单。17匹马不好分，强盗老大你可以先把你那匹马借给他们，这样一共有18匹马了。18的二分之一是9，三分之一是6，九分之一是2，所以老二分到9匹马，老三分到6匹马，老四分到2匹马。9加6再加2等于17，刚好还剩一匹马，可以把强盗老大的那匹马再还给他嘛！"

强盗们都佩服地看着探长说："您可真聪明，怪不得您是探长。如果刚才能早点想到分配的方法，我们早就跑掉了。"

探长意味深长地说："就算你们跑掉了，我也一样能把你们抓回来。"

珍珠究竟是如何分的?

在影视剧里，抢劫珠宝是一种比较常见的犯罪方式，因为罪犯能通过这样的方式短期内获得大量的财富，往往作案手法极端，是一种对社会影响恶劣的作案方式。

这一天，街角发生了一起抢劫珠宝的案件，警察问讯后赶到了现场。珠宝店的工作人员惊魂未定地说："早上刚开门的时候，这里只有我一个人，其他人都还没来上班。我刚把柜门打开，几个强壮的家伙就冲进店里。还没等我反应过来，其中一个人一拳把我打倒了，还把我压在地上不能动。另外几个人把柜台里的珍珠都装进了他们带来的袋子里，装完后他们就很快跑掉了。"

说着，这个工作人员指着自己青肿了一大块的鼻子，说："这就是那个强壮的坏家伙打的，我这么瘦弱根本不是他的对手。"

清晨街道上人很少，警察问了很久都没有找到任何线索，一时间无法找到突破口。当警察们还在外面查找的时候，警察局接到了一个电话："我是来举报的，我的邻居有一伙人正在商量着怎么分珍珠，我今天听到了抢劫案的消息，估计他们应该跟珍珠抢劫案有关。"

警察听了很振奋，赶紧记下了报案人说的地址，马上派人赶过去了。

那些抢劫犯正准备离开时，警察及时赶到了。警察举着枪对他们说："不许动，面对着墙壁站好。"

那些抢劫犯吓了一跳，只好乖乖站好，把手举到了头顶上，警察把他们全部带走了。通过审讯得知，这些人就是抢劫珍珠的人，不过他们已经把珍珠都分好了。每个人把自己分到的珍珠藏了起来，而且好像事先说好了似的，不交待自己分了多少颗珍珠。

8

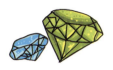

在警察的反复审讯下，其中一个人终于放下抵抗，磕磕巴巴地交待了分珍珠的过程。他说："我们把所有的珍珠放在三个不同的碗里，每个碗里珍珠的数目是不同的。我从第一个碗里拿出了二分之一的珍珠给老大，从第二个碗里拿出三分之一给老二，从第三个碗里拿出四分之一珍珠给老三。再从第一个碗里拿出四颗珍珠给老四，从第二个碗里拿出六颗珍珠给老五，从第三个碗里拿出两颗珍珠给老六。最后，第一个碗里还剩38颗珍珠，第二个碗里还剩12颗珍珠，第三个碗里还剩下19颗珍珠。"

警察接着问："然后呢？"

犯人说："我就让他们猜每个碗里原来有多少颗珍珠，谁最先算出来谁就是老大，第二算出来的就是老二，第三算出来的就是老三。以此类推，先算出来的人得到的珍珠就多。"

警察想了下说："好了，我知道你们每个人有多少颗珍珠了。"那个犯人诧异地看着他，没想到他能算这么快。

难道警察能神机妙算？其实，警察一边听着就一边开始在心里算起来了。如果最后三个碗里还剩的珍珠没有分出去的话，那么第一个碗里还剩38颗珍珠，加上给老四的4颗，一共是42颗。因为之前有一半分给了老大，所以剩下的也是一半，第一个碗里的珍珠最开始是84颗。

按照这个方法，继续推算：第二个碗里还剩下12颗珍珠，加上给老五的6颗，一共是18颗。这是原来数目的三分之二。因为有三分之一分给老二了，这样可以算出来第二个碗里原来的珍珠是27颗。第三个碗里的珍珠还剩下19颗，加上给老六的2颗，一共是21颗。这是原来数目的四分之三。因为有四分之一分给了老三，可以算出来第三个碗里原来的珍珠有28颗。

小朋友们，你们现在知道珍珠是如何算出来了吧？

纸条上的数字

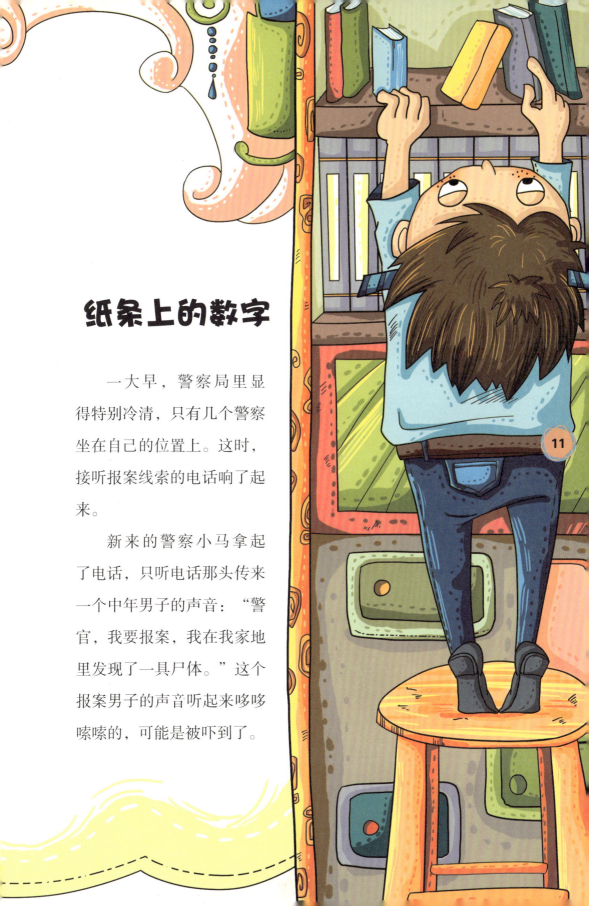

一大早，警察局里显得特别冷清，只有几个警察坐在自己的位置上。这时，接听报案线索的电话响了起来。

新来的警察小马拿起了电话，只听电话那头传来一个中年男子的声音："警官，我要报案，我在我家地里发现了一具尸体。"这个报案男子的声音听起来哆哆嗦嗦的，可能是被吓到了。

小马问清楚了具体地点，赶紧把这个案子向警察局上报。警察局派了几个人赶到了事发地点。

　　到达报案人说的那片地里时，那里已经聚集了不少人，应该都是附近的居民。

　　看到警察来了，一个中年男子走到他们跟前，说："警官好，是我打电话报警的。"

　　小马说："你把具体情况说一下吧。"

　　那个中年男子说："我就是旁边那个村里的农民，这是我们家的地。地里的庄稼种下后，我已经很久没来过了，最近听说有山上的动物跑下来祸害庄稼，我就来地里检查一下，看看庄稼是

不是好的。我从这边走到地的那头，在那个下坡的地方看到了一具尸体。"

这时候，警察已经把围观的人都驱散开，把现场封锁起来了。小马跟其他几个人来到发现尸体的地方，刚看了一眼，几个年轻的警察就差点呕吐了。

只见那具尸体已经腐烂了，脸上甚至还长了蛆虫，散发着难闻的气味，旁边有苍蝇飞来飞去。从面目上看，这具尸体已经分辨不出来长得什么样了。

有几个胆小的人都不敢再看下去，把头转向了旁边，只有小马认真地在附近检查着。

另外一个警察对小马说："我刚看了下，这里并没有打斗的痕迹，可能不是案发第一现场，这具尸体是后来被搬运到这里的。"

　　小马点点头，他继续认真地检查起来。忽然，他发现尸体的右手紧握着，他把死者的右手打开，里面是一张纸条。

　　这张纸条很可能就是探案的线索，大家都围过来看上面写的是什么。小马把纸条展开，只见上面写着几个数字"6,5,2,4"。在这四个数字上面还写着一个"1"，旁边画着一个指向左边的箭头。这张字条大家看得莫名其妙，没有人知道是什么意思。

　　回到警局后，警察开始查最近的失踪人口统计名单，看有没有人和这名死者的特征相像的，可是查完后发现失踪的人都不是这名死者。没有人报案，也看不清死者的面孔，在茫茫人海中找到这个人，是一件非常困难的事。目前，最要紧的就是确认死者的身份，这样才好继续查案。

　　小马把纸条上的数字写在本子上，反复地看，想从这些数字中看出一些线索。突然间，他想到一个可能：上面的那个数字"1"和指向左边的箭头，可能就是说要把下面的数字都往左边移一个数字。"6"往左边移一位是"5"，"5"往左边移一位是"4"，"2"往左边移一位是"1"，"4"往左边移一位是"3"。

　　所以，这个纸条上的数字其实是一个简单的密码，透露出来的实际数字是"5,4,1,3"。小马的嘴里反复念着这几个数字，忽然，他脑子里灵光一闪，大叫着："5,4,1,3，我是医生！"

　　这个死者很可能是个医生。警察顺着这个线索查下去，果然

在一家医院里确认了这名死者的身份。那个医院说死者是一名医生，生前请了一个月的假，所以这么久没出现也没人报案。同时，医院里最近还有一名医生突然辞职了。警察觉得这个辞职的医生很可疑，于是把他抓起来审问。原来，他就是凶手。

失踪的大米

老王是仓库的管理员，仓库里放着什么呢？是大米。他就是一个看大米的人，而且一看就是二十多年。大米虽然是我们日常生活中必不可少的食物，不过并不像黄金那样贵重，老王根本不会担心有人来偷大米。因此，老王每天的工作都很轻松，就是摆个凳子在仓库门口，喝喝茶，看看报，听听广播。

这天下午，老王正坐在仓库门口看报纸，忽然听到附近有人大叫"着火了"，爱凑热闹的老王赶紧朝声音传

来的方向跑去。可是，当他跑过去才发现根本没有着火，只有浓烟冒出来，可能是谁的恶作剧吧。

老王正准备回去，刚好看到路边有人在打麻将，他就坐在旁边看了起来，完全忘记了自己还要看仓库的事。到了快傍晚的时候，老王才想起仓库的大门还开着，他吓得赶紧往回跑。等到了仓库门前的时候他傻眼了，仓库里放的一袋袋大米全都没了。

老王打电话报了警，他的心脏一直跳个不停。本来到了快退休的年纪，他只想早点退休回家养老，谁知道在快要退休的时候出了这么大的事，他不知道该怎么向领导交代。

仓库里的大米有很多，全部运走需要用到大货车。警察调查了这个时间段经过附近道路上的车辆，很快查到了一辆可疑的货

车。可是找到了货车的主人后，并没有在车上发现大米，车主人也只是个普通的司机，看起来不像是个偷盗的人。为了安全起见，警察还是在暗中偷偷监视那个货车司机。

货车司机的生活很正常，每天去郊外的田野里拉蔬菜运送到城里，晚上回家后就直接休息了，没有跟什么外人联系。

这一天，警察又跟了货车司机一整天，还是没有任何收获，警察准备第二天就取消跟踪货车司机的行动。傍晚，两名警察从货车司机家的小区往外走，走到布告栏前的时候，一名

19

警察说："我们抽根烟歇会儿再回去吧。"

两个人就在布告栏前面抽烟，顺便看看布告栏里贴的是什么。一名警察指着一张公告说："看看右下角是什么？"

另外一名警察凑过去一看，发现是小区居民贴的一个电费调整的通知，在纸张的右下角有几个很小的数字，上面是个"2"，下面是四个数字"1,2,6,3"。他想了一下说："刚才那个货车司机在这里停留过，看了一会儿布告栏里的消息，说不定这几个数字是他写下来的，我们先记下带回警局里。"

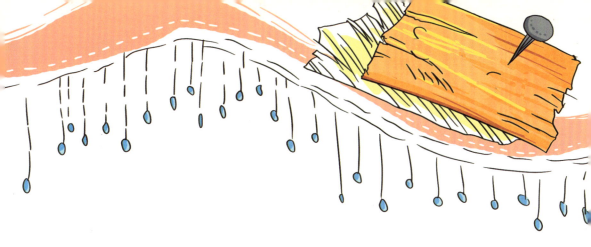

　　警局里的人看了看这几个数字，猜想这可能是什么暗号之类的，如果能猜出来这个暗号就有可能帮助破案。可是这几个数字太抽象了，没人知道其中的意思。

　　局长很想快点破案，他跟老王是一样大的年纪，也快退休了，他很同情老王。虽然大米丢失老王有很大的责任，不过他真的很可怜，这么大岁数了还要承担这么大的过失，只有赶紧破案才能帮助他。

　　晚上回家后，局长坐在桌前思考，他把这几个数字写在纸上

反复地看，想从中看出个什么道理来。局长的女儿给爸爸端来水果放在桌子上，她看到桌子上放着的那张纸。局长的女儿是个音乐老师，看到数字就喜欢用乐谱念出来，她对着纸上的数字念着"哆来啦咪"。

局长听了女儿的声音一下想起来了，原来"1,2,6,3"这四个数字的暗号就等于音乐符号的发声，意思是"都来拿米"。而这四个数字上面的那个"2"，很可能是拿米的时间，应该是在两天后。

顺着这个线索，警察继续跟踪客车司机，终于在两天后把偷米的团伙全部抓获了。

保险箱的密码

洪先生是个60多岁的老头，在这座城市里几乎没有人不认识他，因为他是个大富豪，也是个慈善家，平时很喜欢做慈善活动。

最近，警察发现洪先生跟几次大型的走私案有关系，虽然他们也不太相信这个大善人会走私，可在证据面前他们还是要秉公处理。经过一段时间的秘密调查，警察发现洪先生根本就是个大骗子，他是个大走私贩，每年靠走私获得大额的利润。他

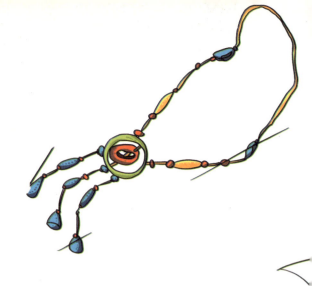

所进行的慈善活动只是个幌子，想给大家留个好印象。

当准确掌握到洪先生作案的证据后，警察就直接扑到洪先生家中，准备把他抓捕归案。洪先生似乎事先知道了动静，正在准备打包行李。当看到警察的车已经开进楼下的花园里时，洪先生知道自己逃不掉了，他选择了自杀，直接从楼上跳了下去。

警察在洪先生的家里仔细搜查了一遍，找出了大量的现金和珠宝首饰，还有他做假慈善的证据。可是关于洪先生是怎么走私的证据却怎么也找不到。

一位警察从洪先生的卧室跑出来，大声说："我在

他的床下发现一个保险箱。"警察们立刻把保险箱拿出来，每个人脸上都露出兴奋的神情，因为那些交易证据很可能就在保险箱里。

洪先生是个小学都没读完的人，没什么文化，也不会使用什么高科技。警察猜想，这也是他为什么选择使用这样的保险箱的原因。其实，在科技飞速发展的今天，各种先进的保险箱款式多样，而洪先生使用的这款却是一种非常古老的保险箱，估计市场上都没有了，也不知道他是不是从古董商那里买来的。

这个古老的保险箱只有3位数的密码，算是比较好破解的

了。警察队长把密码箱交给专门破译密码的小王，说："交给你了。"

小王说："没问题。"

旁边新来的警察小吴说："小王，你是怎么破译密码的？一个一个地试吗？"

小王说："这只有3位数字，一个一个地试也挺快的。"

小吴从小数学就不好，他耐心地问小王："那要怎么试呀？要试多少次啊？"

小王说："需要试1000次。"

小吴吓了一跳，说："这么多次啊，手都要麻木了，不过这个数字是怎么算出来的？"

小王说："你没上过数学课吗？这个很简单的，就用排列组合的公式。三位数字，每一位上都可能出现0到9这十个数字，所以就是三个10相乘，就是1000次了。"

小吴不好意思地摸摸头："我从小就没好好听过数学课，早把这些忘光了。"

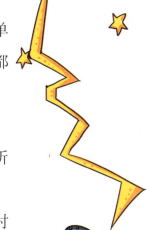

这时，队长走过来说："听说这个洪先生最讨厌的数字就是0和4。他说0代表一无所有，4听起来不吉利，所以先把这两个数字去掉试试，这样速度快一些。"

小王松了口气说："我又能节省不少时间了，这次只用输入512次就行了。"

旁边的小吴说："我知道你是怎么算的了，去掉0和4这两个数字，每位数上就可能有8个数了，三个8相乘就是512。"

小王说："看来你的数学也不是很差嘛。"

"过奖，过奖。"小吴说。

小王快速地输入各个数字。刚过了半个小时，密码就被他试出来了。保险箱打开后，警察果然从里面找到了大量的犯罪交易记录，它们向人们揭露了这个洪先生的真实面目。

什么是排列组合？

排列组合是一种数学的计算概念。就像排队一样，同样的人数有很多种不同的排列方法，不同的人数也有不同的组合方法。排列组合就是计算排列和组合可能出现的情况有几种，数学中已经归纳出了计算排列组合的方法和公式。

交货的时间

走私是一种大型犯罪活动，给国家和人民带来了巨大的财产损失，抓捕走私人员、阻止走私活动对维护国家正常的经济秩序十分重要。

靠海的地方走私活动非常猖獗，很多走私货物通过码头运送到国外。这个城市就是在海边，最近的走私活动非常频繁。为了抓捕犯罪分子，警察铆足了精神，仔细搜寻走私交易的蛛丝马迹。

现代科技非常发达，通过各种高科技工具，可以窃听到别人的电话，可以拍摄到别人的动向。所以，走私人员在传递信息的时候十分注重保密性，因为地点一不小心泄露

出去，他们就完了。于是，很多走私分子在传递信息的时候，用的都是暗号和密码，哪怕是别人看到了也不知道说的是什么。对于警察来说，破解密码已经成了破案中重要的一个环节了。

最近，警察根据许多细微的线索，确定了一个在码头工作的搬运工和走私活动有联系。警察每天都对这个搬运工进行监视，想从他那里获取走私的信息。他们监控了搬运工的手机和住处，搬运工的每一个电话和每一条短信他们都能听到和看到，不过还是没有发现什么特别的地方。

这一天，警察发现搬运工又收到了一条短信，内容是"朝，货已办妥，码头交接。"警察看到这条信息后很激动，这说明他们盯的方向没错，那个搬运工果然有问题，这条短信就是交货的地点。

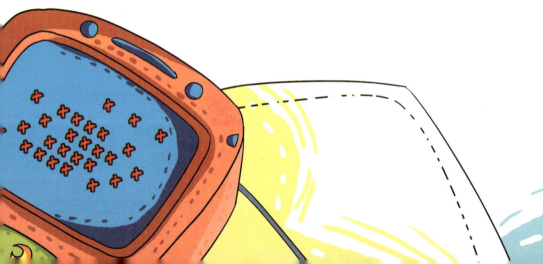

可是只有交货的地点却没有
说明时间，这是个大问题。一个
警察沮丧地说："看来我们只有
每天牢牢地盯着那个搬运工了，
这样才能在交货的时候现场抓
人。"

另一个警察说："不会是
明年才交货吧？那我们可有的
等了。"

队长点点头说："有可能。
这帮罪犯可是很有耐心，也很有

警觉性的。"

大家都哀叹了一声。这时，一直沉默的一个年轻警察说："我可能知道他们交货的时间。"

大家都看向他，这名警察说："我们都把'朝'当成一个名字了，其实这是交易的时间。'朝'字拆开来看就是'十月十日'，而'朝'也代表早晨的意思，所以他们交货的时间应该是十月十日的早晨。"

这名警察说的很有道理，虽然不能完全相信，但是十月十日这一天要更加重视。警察没有取消每天对搬运工的监视，仍然是盯得牢牢的。在十月十日这天早上，搬运工一早就出门了。他没有去平时上班的地方，而是到了码头上一个无人的角落。警察一直跟在他的后面，在他和另一伙走私分子交易的时候抓住了他们。

门牌号码的计算

早上，公安局接到一个电话报案，电话里的女子哭着说自己的丈夫被绑架了。警察问清楚了她的地址，就带着人到她家里去了。

报案的人是马夫人，他们家住在城郊昂贵的别墅区。马夫人的家是一座二层小洋楼，前面有一个小花园。进入大门，穿过小花园就到了一楼的客厅。马夫人和她家的保姆正站在客厅里等着警察。

警官问马夫人："你的丈夫是什么时候不见的？"

马夫人说："是昨天晚上。"

警官说："你怎么知道他是被绑架的？"

那个保姆说："昨天晚上，我从外面买菜回来，快走到门口的时候看到门外站着一个人。我只看到他的背影，知道是个中年男子，其他的就不知道了。我看到先生从里面把门打开，把外面那个人带了进去。我进到客厅里没有看到先生和客人，知道他们是去了二楼先生的书房，先生喜欢在那里招待客人。"

警官问："你就没有去书房倒个咖啡什么的？"

保姆摇头："先生在书房接待客人的时候，不喜欢外人打扰，从来不让人进去的。"

警官问："你们是什么时候发现他不见的？"

保姆说："夫人下午去跟朋友打麻将，晚上十点多了才回

来。我们两个在楼下坐了一段时间，发现都十二点了，先生和那个客人还没有下来。夫人觉得有些不对劲，就去楼上先生的房间，敲门后里面没有动静，推开门一看，里面没有一个人。"

警官说："他们从哪里走的？"

保姆说："我一直守在前面客厅的大门，他们肯定不是从这儿走的。后面还有个小门，应该是从那里走了。"

警察进了马先生的办公室，发现一个凳子是倒在地上的，还有张桌子也是倾斜的，看来是经过了一番打斗和挣扎的。不过，罪犯很小心，把所有证据都擦掉了，房间里没有找到指纹和其他

证据。

在办公室里检查了一圈，警官发现马先生的办公桌上写下了"7，8，9，10，11"五个数字，好像是新写下的，可能跟罪犯有关。

警官问马大人："你的丈夫有没有得罪过什么人？"

马夫人想了想说："最近听他说跟几个人在生意上闹得不愉快，我只知道一个叫大卫，一个叫杰森，一个叫张杰，其他的就不知道了。"

警官说："绑架你丈夫的就是杰森，'7，8，9，10，11'这五个数字的英文单词第一个字母加起来就是Jason，这就是杰森的英文名。这可能是你丈夫在杰森要抓他的时候，偷偷在办公桌上写下的，就算杰森看到了也不知道是什么意

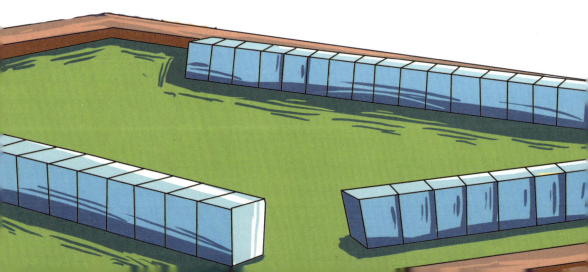

思，也就没有被毁掉。"

警官又问："你知道杰森的地址吗？"

马夫人说："我只知道他住在人民路，可是不知道门牌号码。他曾经说过他的门牌号码是3和5的倍数，每个个位的数字加起来的和是12。"

警官说："这太简单了，3和5的倍数也就是15的倍数，15的倍数一个个推算下去有15，30，45，60，75，90，105，120……每个个位的数字加起来是12，那就是人民路75号了。"

在警官的带领下，警察来到了杰森的家里，抓住了杰森，还找到了被捆在那里的马先生。杰森没想到警察这么快就找到他家，只好老老实实地交代了自己的罪行。

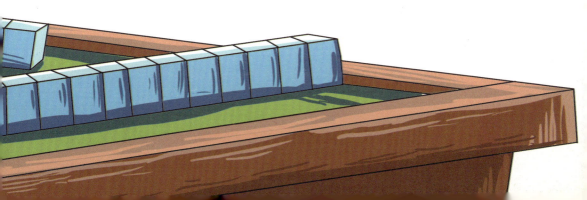

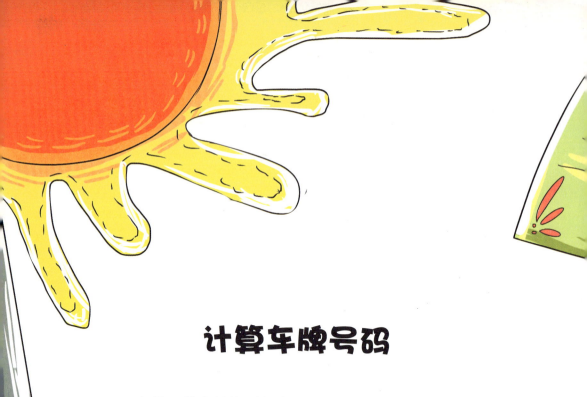

计算车牌号码

一大早，警察局接到报案，一个人在电话里说："我在村口的池塘里发现了一具尸体，你们快点过来呀。"

挂上电话后警察马上就出发了，他们很快赶到了报案人所说的村口池塘。报案人说他是早上到村口放牛的时候发现的尸体。警察把尸体捞上来，发现被害者是一个年轻的女性。

村子里的村民都喜欢看热闹，这时候基本上都聚集到这边了。警察大声问大家："昨天晚上，大家有没有在这附近看到什么可疑的人？"

很多人都说没有，这时一个中年男子说："我看到了，我看到了。"

"怎么会是这个傻子呀？"其他人都指着这个说话的人说。

警察走到这个人面前问："你看到了什么？"

这个中年人说："昨天晚上，我看到一辆小

汽车停在这里。"

这是一条很重要的线索，凶手很可能就是用那辆小汽车把尸体运送到这里，再扔进池塘里的。警察赶紧问这个中年人："你有没有看清楚那辆小汽车是什么样子的？还记得车子的颜色和车牌号吗？能不能尽量说清楚一点。"

旁边有一个村民说："警察同志，你就不要问他了，他是个傻子。"

"傻子？"警察看着这个中年人，觉得他挺正常的呀，看起来一点也不傻。

警察继续问："你看到车牌号码了吗？"

中年男子使劲摇了摇头，还翻了翻白眼，说："我看到了，但我不告诉你。"

这个动作让警察相信他果然是个傻子，可是警察知道傻子一般是不会说谎的，所以他的话还是非常重要的。

有个村民说："他以前是个数学老师，后来得了一场大病就变傻了。"

听说他是个数学老师，警察想了个办法说："这样吧，你不直接告诉我车牌号，你可以出个数学题目让我做，答案就是车牌号码，我自己来猜好不好？"

中年人眼睛一亮，说："好啊，我最喜欢给学生们出题了。这个车牌号是个4位数字，两边的数字是对称的，4个数加起来的

和等于前面两个数字表示的数。你快猜吧，猜出来我给你打100分。"

警察在心里计算了一下，既然这四个数字是两边对称的，他就把它们设为abba。前面两个数字表示的数就是10a加上b，得出来的数字等于这四个数字的和。根据列出来的公式，很容易算出b等于8a。而a和b都是一位数字，所以a只能是1，b就是8了。这样得出来的车牌号码是1881。

根据这个车牌号，警察很容易就找到了这辆车的主人。经过审问，他就是凶手。

第二章

小小线索大发现

神秘的接头暗号

　　走私活动是违法犯罪的行为，所以通常暗地里进行，走私分子经常需要交换信息。为了怕信息被别人发现，他们就会使用暗号。最近，警察局截获了一个走私团伙的内部信息，说是一个外地的走私贩要到这里来，让这边的一个走私贩去接他。

　　信息的内容让人费解，上面写的是：我要去你家玩，给你带陈醋，到火车站接我。

　　一个警察看着这条信息说："为什么只有交易的地点，却没有写清楚时间啊？这让我们什么时候去抓人呢？走私贩还送陈醋当礼物，这是什么意思呢？"

　　另一个警察仔细研究了一下这条信息，说："时间

已经说清楚了，就是二十一日下午五点以后。"

其他警察很好奇，不约而同地问道："你是怎么知道的？"

这个警察指着上面的一个字，说："'醋'字的右边拆开就是'二十一日'，而左边的'酉'是代表下午五点以后。"

原来如此，警察们恍然大悟。根据这个线索，警察在火车站埋伏，果然在二十一日下午抓到了正在接头的走私贩。

警察在那个从外地来的走私贩身上搜到了一张纸条，上面写着十组数字，分别是14073，63136，29402，35862，84271，79588，42936，98174，50811，07145。

一个警察问："这是什么意思啊？"

队长说："这个十组数字是一个密码，破解出来的答案就是他们接头的暗号。因为参与走私活动的很多人都是互相不认识的，只用暗号来跟对方交易。说明这个外地来的走私贩接下来还有更大的活动。"

警察局里专门破解密码的警察说："我知道这个密码的规律，我曾经遇到过跟这相似的密码。这个密码得出来的暗号是一个五位的数字，这十组数字中的每一组都只有一个数字跟暗号里的数字相同，而且这些数字所处的位置也不相同。"

警察听了很振奋："那我们要赶快把密码破解出来，就能冒充走私贩去交易了，这样他们就逃不掉了！"

那位警察开始推算起来，试了几次，终于得到了答案：因为十组数字中每一组只有一个跟暗号里的数字相同，这样可以得出10个数字。可暗号是5位数字，所以有的数字在十组号码中是重复的。对这十组数字进行分析，可以找到第二位的9和4在第二位重复两次，还有第三位的8，第四位的3，第五位的2、6、1。第三位的1和第四位的7都出现了三次。

根据一系列排列组合和排除法，警察最终确定了这个暗号是09876，然后告诉了队长。警察局派人假扮成这个外地来的商贩，利用这个暗号跟本地的大走私贩接头，果然是正确的。最后警察深入贩毒集团的内部，终于把这个走私团伙一网打尽了。

馅饼的背后

　　警察局接到一家旅馆老板的报案电话，说旅馆里住着的一位客人死在了房间里，警察立即赶到了事发现场。

　　警察来到发生事故的那个房间，发现死者躺在地上，腰上插着一把刀，地上到处都是血迹。房间里十分凌乱，看来在案发前这里发生过打斗，不过最终凶手获胜了，死者遇害了。

　　让警察感到不解的是，死者呈现出一个奇怪的姿势。他趴在桌腿旁边，手里举着一个馅饼。看来，死者被刀扎伤以后，忍着

腹部的疼痛，一路从客厅正中间爬到了墙边的桌子那里。因为他爬过的一路上都是血迹，有很明显的印记。

死者手里举起的馅饼也是个很普通的苹果馅饼，那个馅饼之前是放在桌子上的盘子里的。死者在临死前挣扎着从盘子里把这个馅饼拿在手里，并且高高地举了起来。

一个警察很纳闷，说："这个馅饼到底是什么意思呢？难道这个死者死前很饿，拼命也要拿起一个馅饼准备吃掉，不想去做个饿死鬼吗？"

另一个警察说："当然不可能是这样，哪有人都临死了还想着吃的？这个馅饼的意义肯定非同寻常。死者拼尽死前的最后一点力气，把馅饼举这么高，就是想让我们发现这个馅饼。它肯定和凶手有关，预示着某些线索。"

警察们在死者的房间里搜查了一圈，发现死者床边的一个箱子被打开了。箱子里的东西被翻得乱七八糟，值钱的东西都

没了。

　　旅馆老板告诉警察："这个死者是一位商人，当时来的时候就拎着这个箱子。他一看就是个有钱人，住店的时候随手给了我一大把钱，还说剩下的不用找了。他手上戴着几个金光闪闪的大戒指，一看就很贵。"

　　警察们去检查死者的手，发现上面的戒指都没了，再加上房间里被翻乱的箱子，很显然这是个为了钱财而发生的凶杀案。很

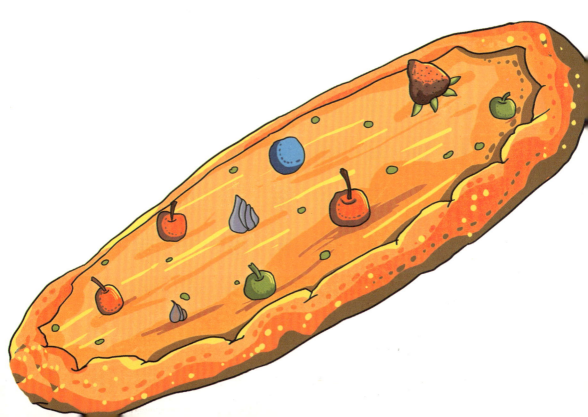

可能是死者住店时候的表现，引起了凶手的注意，后来凶手就起了歹心。

警察推断杀死这个商人的很可能就是旅馆里的人，于是把旅馆里住着的每个人都叫出来审问。除了两个已出门之外，其他被审问的人基本上都没有作案时间，都被排除在外了。

还剩下两个人没有审问，凶手很可能就是其中的一个。警察让旅店的老板把他们带到那两个人的房间先去查看一下。他们先检查了其中一个房间，旅店老板说这个房客是位老人，每天这个时候都要出去散步。检查完老人的房间，警察发现并没有可疑之处。

到了最后一个房间，旅馆老板带着警察到了房门口。警察抬头一看，房间的门上写着房间号"314"。警察问老板："这里住的是什么人？"

老板说："是个酒鬼，还喜欢赌博。前几天，他喝醉酒在外

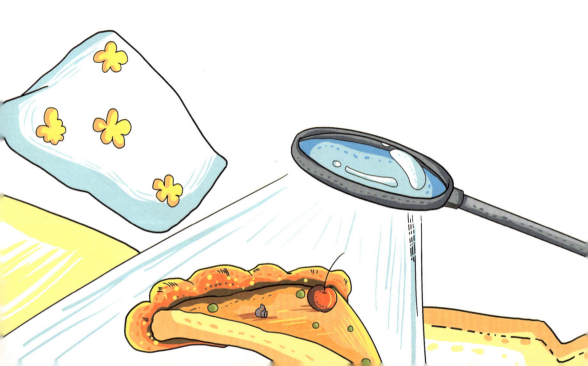

面把钱都输光了，还好这几天的房钱他已经提前付了。"

警察对老板说："不用进去看了，这个人就是凶手，我们马上去抓捕他。"

警察把这个酒鬼抓住一审问，原来他真的是凶手。大家都很佩服警察。这个警察说："死者手里举着一个馅饼，馅饼的英文

发音是pai，而圆周率的发音也是pai，所以这个馅饼就是指圆周率的意思。大家都知道圆周率的近似值是3.14，也预示着凶手的门牌号是314。"大家听了他的解释都恍然大悟。

什么是圆周率？

圆周率是数学上的一个名词，它是指圆的周长与直径的比值。任何一个标准的圆形，它的周长和直径的比值都是一个固定值，这就是圆周率。圆周率是一个无限不循环小数，我们平时说的3.14只是一个精确到小数点后两位的近似值。

一道奇怪 的数学题

如果要问小明最敬佩的人是谁，他一定会大声回答："小叔叔。"小明的小叔叔是一名警察，而且是名很聪明的警察，经常比别人更快地解决难题，把案情查清。小明很喜欢听小叔叔给他讲破案的故事，小叔叔是他心目中的大英雄。

每到周末，小明就会去小叔叔家玩，缠着他给自己讲故事。这天是周六，小明又来到了小叔叔家。小叔叔现在一看到小明就害怕，因为他把自己能讲的故事都讲完了，没有更新鲜的故事可说了。

为了应付小明，小叔叔说："我带你去看电影吧。"

说去就去，不一会儿，他们两人已经走在大街上，快到电影院的门口了。

这时，不远处传来了一个孩子的哭声。小明顺着哭声看过去，发现一个中年人带着四个孩子，其中一个小孩子大声哭着。那个中年人做出一副凶狠的样子，准备去打那个正在哭的孩子，孩子吓得立刻停止了哭声。

小明说："那位大叔对自己的孩子可真凶。"

小叔叔摇摇头："不像是他自己的孩子。"

小明还没明白小叔叔说的是什么意思，就发现小叔叔已经朝着那个中年人走过去了，他赶紧也跟了上去。

四个孩子一看有陌生人来了，正准备扑过来，被那个大叔用

眼睛一瞪，吓得不敢再向前了。中年人朝前走了一步，把四个孩子藏在自己的身后，像是生怕别人看到孩子的面孔一样。

小叔叔说："大叔，你的孩子可真多啊，一个人照顾这么多孩子很累吧？"

大叔赶紧说："他们不是我的孩子，是我的学生。我是一名数学老师，今天是带他们几个去参加数学竞赛的。"

小叔叔说："原来你是数学老师啊，失敬失敬。我最敬佩的

就是数学好的人了，我上学时数学是最差的，经常不及格的。"

听小叔叔这么一说，那个中年人松了口气。

小叔叔又问："这几个孩子还都挺可爱的嘛，他们几岁了啊？"

为了让别人相信自己是数学老师，那个中年人说："那我来考考你吧，这四个孩子一个比一个大一岁，他们四个的岁数相乘后得出的数字是3024，你猜他们分别几岁。"

小叔叔想了一下说："这个很难，你至少要告诉我其中一个孩子的岁数，我才能算出来。"

那个中年人说："最小的孩子是5岁，你快算吧。"

看着小叔叔一脸为难的样子，中年人笑着说："我就不为难你了，刚才你说你小时候数学经常不及格，我可不指望你能算出

来。好啦，我们的比赛要迟到了，先走一步。”

就在那个中年人转身准备离开的时候，小叔叔上前一把抓住他的胳膊，给他戴上了手铐。那个中年人被带到了警察局。经过查证，他身边的那四个孩子都是分别从不同的地方骗来的，这个人是警察追踪了很久的专门拐卖小孩的人贩子。

后来，小明一脸崇拜地看着小叔叔说："你怎么知道那个人在骗人啊？"

小叔叔说："那个人先说自己是数学老师，后来为了让我相信他是数学老师，故意不把孩子的年龄直接说出来，而是出了一道数学题。其

实，那个数字是他随便说出来的，因为他以为我数学真的很差，是不可能看出破绽的。"

小明问："那破绽到底在哪呢？"

小叔叔说："其中一个孩子的岁数是5岁，那这四个孩子岁数的乘积就不可能是3024。因为3024的尾数是4，数字5和任何数字相乘尾数都不可能是4，只可能是0或者5。"

小明点点头："原来是这样啊！没想到当警察还真不容易，还要数学好才行，从今天起我要好好学习数学了。"

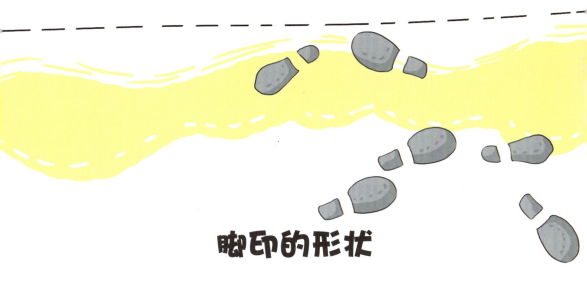

脚印的形状

张先生是这个城市里的第一大富豪，经常能在电视上的新闻里看到他。他喜欢做慈善活动，总是一副和蔼可亲的样子，仿佛遇到了什么事都是笑眯眯的。可是这个时候的张先生笑不出来了，他正在警察局里走来走去，脸上显露出从来没有出现过的焦急神情。

张先生刚刚在警局报案，他的儿子在放学回家的路上被绑架了。刚才绑匪打来电话，说要500万的赎金。张先生并不是舍不

得交这些钱，他是怕绑匪拿了钱后还不放过他的儿子，会杀了他的儿子灭口。他认为报警是最好的办法。

接到张先生的报案后，警察局立即开始了工作安排：一部分人向张先生询问他儿子平时的爱好，一部分人去他儿子放学回家的路上寻找线索，一部分人等待匪徒再次来电话，看能不能通过电话信号追踪到匪徒的地址。

刑警队长是整个警队里最会破案的，平时只要有他在，案子很快就能解决。现在，队长正在和张先生对话。队长问："你儿子平时有什么爱好吗？"

张先生说："我儿了很喜欢看侦探小故事。每次出了这类的新书，他总是立刻跑去购买，看完书后就收藏起来，喜欢得不得了。"

队长又问："那平时放学他都是一个人回家吗？"

张先生说："他平时和我家附近的一个孩子一起回来，不

过最近那个孩子生病请假了，这两天都是他自己回来的。"

队长说："那他每次放学都是直接回来，还是先去什么地方玩一下再回家？"

61

张先生说："他很乖的，每次放学都直接回家，不像其他孩子那样跑到广场上去踢足球、溜冰。"

张先生忽然拍了一下自己的头说："我想起来了，他今天早上去上学的时候说有一本新的侦探漫画上市了，他放学后要去学校附近的书店买。"

队长带着几个警察到了张先生儿子学校附近的书店，队长向书店的主人描绘了一下张先生儿子的外貌，问他是不是有个这样的孩子来买书了。

书店的主人说："是啊，这个孩子很喜欢看侦探书，一出新书马上就来买，我对他印象很深刻。他今天傍晚放学的时候来这里买了一本书，出了门就迫不及待地坐在那边的石头上看了起来。"

书店门外的不远处有一片沙地，沙地旁边是一块大石头。据书店的主人说，张先生的儿子就是坐在这块石头上看书的。

一个警察说："那个孩子很可能是在看书的时候被坏人突然抓走的。"

队长看了下四周的环境，发现这里是路边丛林的一角，旁边有几棵大树。如果趁着一个正在看书的小孩不注意，捂住他的嘴把他抓走是很有可能的。

"队长，快看，沙地里有一些脚印。"一名警察说。

在路灯的照射下，沙地里隐约有些孩子的脚印。另外一名警察说："可能是孩子被抓的时候挣扎留下的。"

队长仔细观察着脚印说："如果只是挣扎的话不可能有这么多脚印，听张先生说他儿子很喜欢看侦探小说，这些脚印有可能

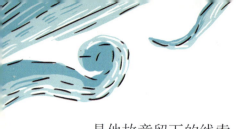

是他故意留下的线索。"

　　大家认真地看了看那些脚印，虽然很凌乱，可是大致上是一个数字"3"的形状。队长说："可能孩子在挣扎的时候听到了匪徒在说话，有可能听到了匪徒的名字，也有可能听到了他们要躲藏的地点或者是其他什么信息，这个3就是线索。"

　　"匪徒都喜欢隐藏在郊外人少的地方。"队长想了想说，"市区的西郊有一个3号仓库，最近正准备改建，我们去那里看看吧。"

　　警察趁着夜色偷偷潜入3号仓库，果然在那里找到了张先生的儿子，还有几个匪徒。

一根燃尽的蜡烛

一大早，小强发现楼下小区里聚集了不少人。他是个很爱看热闹的人，赶紧跑过去挤进了人群里。

"阿姨，这里发生什么事了？"小强拉着一个人问。

"昨天晚上那栋楼里发生命案了。"阿姨指着一栋楼说，"就是那个有蓝色窗帘的房间，你这个小朋友胆子还挺大。"

这一点还真说对了，小强从小胆子就大，不怕蟑螂老鼠，也不怕妖魔鬼怪，因为他决定长大了要当警察的。警察

当然不能胆子小了。

发生命案的那栋住宅楼已经被封锁了，不过小强从小在这里捉迷藏，知道有个地方是可以进去的。他偷偷溜到楼梯间的后面，从一个低矮的窗户爬了进去。

发生事故的地点在五楼，小强顺着楼梯偷偷溜了上去，把自己小小的身体隐藏在楼梯口那里，偷偷看警察们在检查房间。

几个警察已经把房间都搜索了一遍，没有找到任何线索。死者是住在这里的一名单身女子，此刻她的尸体正躺在客厅的正中间。

一位警察看着旁边的桌子说："怎么这里有一支燃尽的蜡烛？"

另一位警察说："昨天晚上这个小区停电，今天早上才来

电，所以很多家庭昨晚都是点蜡烛的。"

检查完了房间，两名警察准备去向附近的邻居问问情况。看着警察向楼梯走来，小强赶紧准备开溜，可是还是被警察发现了。

"谁在那里？"一个警察大声呵斥道。

小强吓得站在那里不敢动了。

"小朋友，你躲藏在这里干什么？"这里是命案附近，哪怕只是个小孩子警察也不能放松警惕。

小强说："警察叔叔是我的偶像，我想看看你们是怎么查案的，所以才藏在这里，我长大了也想当警察。"

警察这才松了口气，对他说："想要当警察是好事，但是你要明白，当警察首先是要遵守规矩。这里明明被封锁了，你还偷偷地跑进来，这么不守规矩怎么当警察呢？"

小强点点头说："我知道错了。"

他们几个人一起走下了楼，警察开始向小区的居民打探情况。

小强知道刚才自己的做法不对，想着要将功抵过，赶紧跟警察叔叔说："我知道线索。"

警察看着这个小不点也笑了，问他："你知道什么线索呀，

小朋友？"

小强说："停电的时候，我看到那个房间亮了起来。"

小强说的应该是停电以后凶手点燃了蜡烛，虽然这个线索目前看起来没什么作用，但还是要记录下来。警察问他："是一停电那个房间就亮起来了吗？"

小强想了想说："昨天晚上，我跟爸爸妈妈在楼下散步，忽然所有楼房的灯都灭了，连路灯都灭了。妈妈说是停电了，这时候我刚好看到被害者的那栋楼，有的窗口慢慢亮起来了，可能是点了蜡烛。不大一会儿，被害者的那个窗口也亮了，我记得那个蓝色的窗帘，应该没错的。"

这时，另外的警察已经锁定了一个嫌疑人，有人看到他昨天晚上从被害者的房间出来，可是看到嫌疑人的那个人不记得当

时是几点了。警察问嫌疑
人是什么时候进入被害者
房间的。他说自己是被害
者的朋友，晚上只是去看
看她，大约十点钟左右去
的。

　　"他在说谎。"一个
警察说，"根据一位小朋
友的证词，被害者的房间
在停电后没多久就点燃了
蜡烛。停电的时间是晚上
七点半，按照蜡烛的燃烧

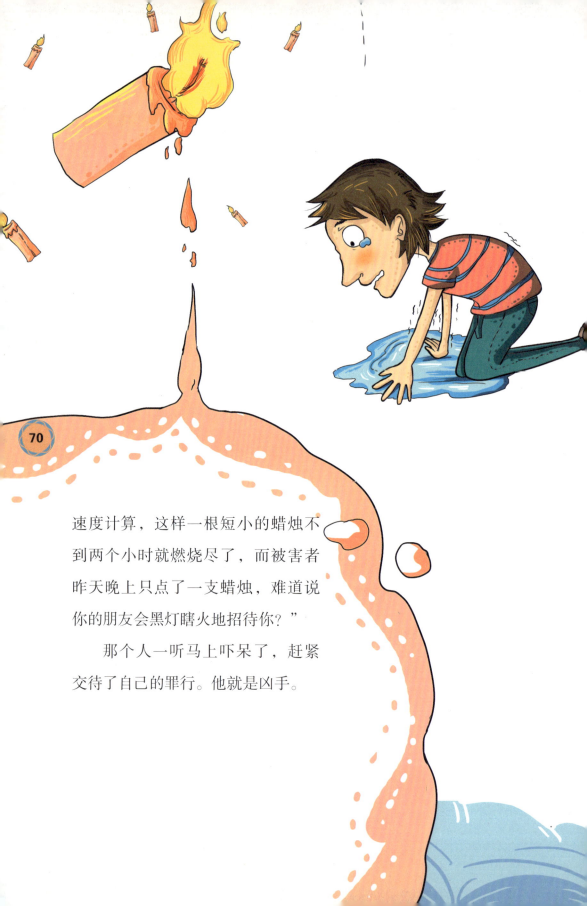

速度计算，这样一根短小的蜡烛不到两个小时就燃烧尽了，而被害者昨天晚上只点了一支蜡烛，难道说你的朋友会黑灯瞎火地招待你？"

那个人一听马上吓呆了，赶紧交待了自己的罪行。他就是凶手。

钟表的角度

冬天的早上，寒冷的风呼呼地吹着，街上的行人很少。空旷的大街上，一辆警车呼啸而过，路上有人说："又有事情发生了。"

的确是有事情发生了。早上有一个人报案，说自己的一个房客被杀死在公寓里。警车很快来到了案发地点，报警的房东等在那里。

房东看来吓得不轻，整张脸都是苍白的。他一看到警察就像抓到了救命稻草，激动得差点哭了出来，嘴里哆哆嗦嗦地说着：

"太可怕啦，地上到处都是血，我从来没有看过这么可怕的事情。"

警察在房东的带领下来到了出事的房间。房门已经被房东打开了，一进去就闻到浓浓的血腥味。被害人躺在床上，身上插着一把刀，鲜血把床单都染红了。

一走进房间，警察就看到了床头上挂着一个巨大的时钟。

那个时钟太显眼了，直径大约有60多厘米，算是一个非常大的钟了。

警察在房间里搜查了一番，没有发现什么证据。警察发现被害人以一个怪异的姿势趴在床上，头冲着墙角，右手也指着墙角。警察问房东："你没有移动过尸体吧？"

房东赶紧摇头："我快要吓死了，怎么敢去动他。"

警察问："你是什么时候发现死者的尸体的？"

房东说："早上6点多的时候，我来收房租，因为这个人每天早上出门很早，所以我要赶在他出门前来收钱。我来的时候发现门是虚掩的。我是个很有礼貌的人，在外面敲了敲门，过了好大一会儿他也没有来开门，我这才偷偷把门推开。可是一进门，我就看到了可怕的景象，吓得我转头就跑了。"

警察说："你也是住在这里的吗？"

房东说："我住楼下。"

警察问："那昨天晚上有谁来找过死者，你记得吗？"

74

房东想了想说："大概有三个人来过，不过我没有见到他们的脸。这三个人不是一起来的，死者来给他们开门的时候都有交谈。我依稀记得着三个人是小张、小马和小刘。因为他们以前也来过这里，我记得他们的声音。"

在其他警察去传唤这三个人的时候，留在房间里的陈警官把尸体翻转过来。他发现尸体手指的墙角有用血液写下的数字90。很显然，这是被害者临死前写下来的。他开始思考这个数字的意义。

昨天晚上来过的三个人被叫了过来，陈警官让他们把来到这里的具体时间说清楚。

小张说："我是六点多来的，在这里待到快七点就走了。"

小马说："我是七点半来的，待了半个小时，八点就走了。"

小刘说："我是八点四十来的，九点二十左右离开的。因为他说还有其他客人要来，我也不好多留了。"

陈警官对着小刘说："你就是凶手，而且我也知道凶手作案的具体时间。"

小刘赶紧摇头说："你不能因为我是最后一个离开的人就冤

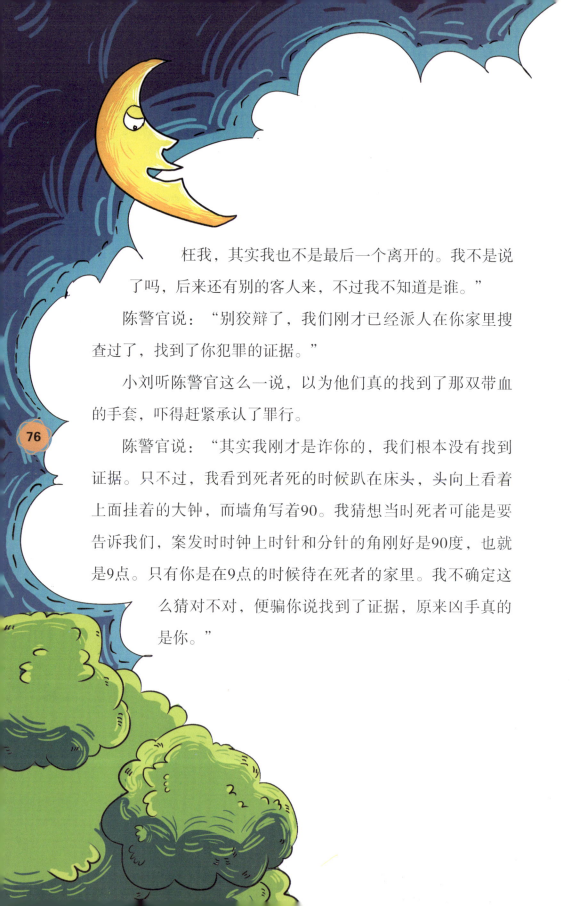

枉我，其实我也不是最后一个离开的。我不是说了吗，后来还有别的客人来，不过我不知道是谁。"

陈警官说："别狡辩了，我们刚才已经派人在你家里搜查过了，找到了你犯罪的证据。"

小刘听陈警官这么一说，以为他们真的找到了那双带血的手套，吓得赶紧承认了罪行。

陈警官说："其实我刚才是诈你的，我们根本没有找到证据。只不过，我看到死者死的时候趴在床头，头向上看着上面挂着的大钟，而墙角写着90。我猜想当时死者可能是要告诉我们，案发时时钟上时针和分针的角刚好是90度，也就是9点。只有你是在9点的时候待在死者的家里。我不确定这么猜对不对，便骗你说找到了证据，原来凶手真的是你。"

被偷吃掉的
鸡蛋有几个?

这是一个小城镇的一家普通旅馆，旅馆的老板是一个60多岁的老头。平时老实本分，因为他姓王，人们都叫他王老实。

这天，镇上的警察大林正在街上闲逛着，王老实跑到了他的面前，哭诉道："大林啊，你一定要帮帮我。我遇到麻烦了。"

大林忙问："王老实，你快说说发生了什么事？"

王老实说："我的鸡蛋被那几个客人偷吃了。"

大林说："哪里的客人？我现在就带你去抓住他们。"

王老实摇摇头说："不用追了，我已经放他们走了。"

大林说："你真是个老实人，人家偷吃你鸡蛋，你还放别人走。到底发生了什么事情？"

王老实无奈地说："事情是这样的，昨天晚上我准备关门休息的时候，忽然来了四个人。他们看起来风尘仆仆的样子，可能是从外地赶过来的。本来白天店里的

客人很多，存储的食物已经吃完了，因为没有食物，我就不打算晚上再招待客人了。可是人家那么远来，我也不好把他们拒之门外，只好让他们进门了。尽管他们几个看起来样子很凶，我还是打算好好招待他们。结果……"

大林安慰他说："别着急，你好好说。"

王老实说："他们几个又累又饿，请求让我给他们做东西吃。可是厨房里已经找不到可以吃的东西了，我就去隔壁借了一些鸡蛋回来。当我把鸡蛋煮熟的时候，发现那几个客人已经在房间里睡着了，我就把鸡蛋放在了大厅里。"

大林说："如果说那些客人把你的鸡蛋吃了，那他们应该不算偷吃，因为这本来就是你准备给他们的食物啊。"

王老实说："确实是这样。他们不是小偷，所以我才放他们走。可他们是半夜起来吃的鸡蛋，没有告诉我，所以我不知道每个人吃了几个。"

"既然你都同意他们吃了，每个人吃了几个鸡蛋很重要吗？"大林很奇怪，忍不住问道。

"当然很重要。"王老实说，"我昨天晚上去借鸡蛋的时候很晚了，邻居说让我自己在箱子里拿。可是我也不记得拿了几个，那我到底该还几个鸡蛋给邻居啊？"

　　大林点点头说："我明白了，你来找我帮忙给你计算一下你拿了几个鸡蛋是吗？"

　　王老实赶紧说："是这样的。你帮我算算吧。"

　　大林哭笑不得："那你把具体情况说一下吧。"

　　王老实开始叙述起来："半夜里，最开始有一个人醒来，他饿了就到外面找吃的，看到桌子上有鸡蛋，就直接拿起来吃，一共吃掉了鸡蛋的三分之一，然后就接着去睡觉了。第二个人也饿醒了，把剩下来的鸡蛋吃掉了三分之一，抹抹嘴就去睡觉了。第三个人也醒了过来，他同样看到了篮子里的鸡蛋，又把剩下的鸡蛋吃掉了三分之一。最后一个人也醒了过来，看到还有剩下的鸡蛋，于是他把剩下的鸡蛋吃掉了四分之一，也接着去睡觉了。现在我的篮子里还剩下6个鸡蛋。"

　　大林很好奇："你既然不知道他们吃了几个，又如何知道那些人吃掉了鸡蛋的几分之几呢？"

王老实说："因为以前旅馆里被偷过，我就安装了摄像头。"

"好吧，下面我就给你算算。"大林说，"篮子里还剩6个鸡蛋，第四个人吃掉了剩下鸡蛋的四分之一，所以6个是四分之三。在前三个人吃完后，鸡蛋还剩8个。因为第三个人吃掉了三分之一，所以8个是三分之二。那么，在前两个人吃完后，鸡蛋还剩12个。第二个人也是吃掉三分之一，12也是三分之二。所以，在第一个人吃掉之后，鸡蛋还剩18个。而第一个人吃掉三分之一后剩18个，所以18个是鸡蛋总数的三分之二，可以算出来鸡蛋总数是27个。好了，你可以还给你的邻居27个鸡蛋了。"

王老实一愣，心里充满了佩服和感激。看来，自己以前没有好好学好数学，真是惭愧呀！

第三章

计算一下找答案

假币在哪个袋子里？

最近市面上有假币在流通，使用假币是一种严重危害国家经济秩序的行为。根据假币流出的线索，警察找到了一个有嫌疑的人，这个人叫大民。

警察每天都暗中监视着大民的一举一动。这天晚上，路上黑乎乎的一片，大民偷偷从家里溜出来。他跑到路边的一棵大树下，把一个东西放进了树干上的洞里，又偷偷回家了。

跟在他后面的警察走到树边，把他放进去的东西拿了出来，发现那是一张纸条，纸条上写着四句话："长耳士兵无两足，牛走独木不慌忙，有人驾云上面走，

82

一人当有一个口。"为了不打草惊蛇，警察把这张纸条又放回了树洞里。

回到了警察局，这四句话被写在了小黑板上。大家一看就知道这是一句暗语，每一句话是一个字谜。"长耳士兵无两足"是个"邱"字，"牛走独木不慌忙"是个"生"字，"有人驾云上面走"是个"会"字，"一人当有一个口"是个"合"字。这四个字合起来就是"邱生会合"。郊区有个村子叫邱生村，说明他们会合的地点就是在这个村子。

警察对邱生村进行了秘密的监控，果然在一个夜晚抓住了正在交易的犯罪团伙，同时也收缴获了30袋的硬币。

通过对犯人的审讯，警察得知这30袋硬币中有29袋是真的，1袋是假的。真硬币每一枚的重量是10克，假硬币比真硬币每枚少1克。不过，因为硬币的数量太多了，而且假硬币很逼真，犯人自己也记不清楚哪一袋是假硬币了。

一个警察说："那还不简单，一袋一袋称出来不就行了。"

警察队长说："不用那么麻烦，我有更简单的方法，只用称一次就知道哪一袋是假的。"

其他警察都很惊奇地问："真的有这么简单的方法？你快给我们说说看吧。"

警察队长说："把这30个袋子从1到30分别编上号，再从每个袋子里取出一定数目的硬币。每个袋子里取出的硬币个数和这个袋子的编号相同，比如1号袋子就取出1枚硬币，2号袋子取出2枚硬币，3号袋子取出3枚硬币。以此类推，那么30号袋子里取出的就是30枚硬币。"

其他警察问："然后怎么办？"

警察队长说："把这些取出的硬币一起放在秤上称出重量，一下子就能看出哪一个袋子里装的是假硬币。"

警察们都问："队长，你是怎么算出来的啊？"

　　警察队长说："假设这30个袋子里所有的硬币都是真的，那么这些取出来的硬币的重量就是（1+2+3+4+……+29+30）乘以10，结果是4650克。如果取出来的硬币称出的重量是4650-1克，说明硬币中只有一个是缺了1克，也就是只有一个是假的。而从1号袋子中取出的硬币是1个，所以第一袋硬币是假的。"

　　另外一个警察兴奋地说："我也会算了，如果取出来的硬币称出来的重量比4650克少了2克，而每枚假硬币少1克，说明取出来的假硬币有两枚。只有二号袋子里取出来的硬币是两个，所以2号袋子里的硬币是假的。"

　　"这样一说还挺简单的，我也明白了。"又有一个警察说，

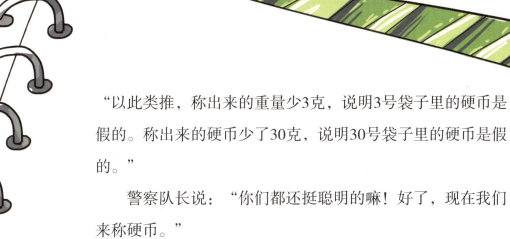

　　"以此类推，称出来的重量少3克，说明3号袋子里的硬币是假的。称出来的硬币少了30克，说明30号袋子里的硬币是假的。"

　　警察队长说："你们都还挺聪明的嘛！好了，现在我们来称硬币。"

　　他们把从每个袋子里取出的硬币集合在一起，称出来的重量是4645克，比4650克少5克，说明第5号袋子里装的是假币。

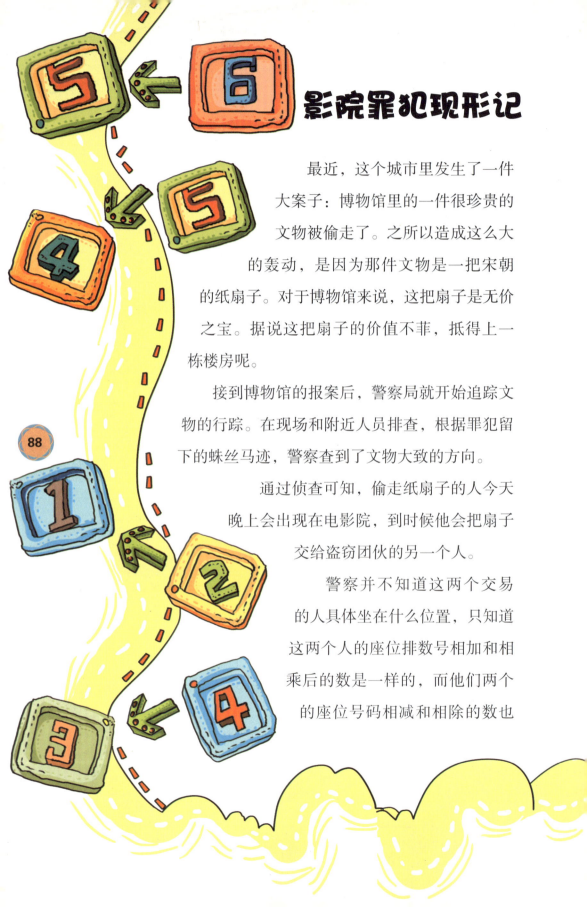

影院罪犯现形记

最近，这个城市里发生了一件大案子：博物馆里的一件很珍贵的文物被偷走了。之所以造成这么大的轰动，是因为那件文物是一把宋朝的纸扇子。对于博物馆来说，这把扇子是无价之宝。据说这把扇子的价值不菲，抵得上一栋楼房呢。

接到博物馆的报案后，警察局就开始追踪文物的行踪。在现场和附近人员排查，根据罪犯留下的蛛丝马迹，警察查到了文物大致的方向。

通过侦查可知，偷走纸扇子的人今天晚上会出现在电影院，到时候他会把扇子交给盗窃团伙的另一个人。

警察并不知道这两个交易的人具体坐在什么位置，只知道这两个人的座位排数号相加和相乘后的数是一样的，而他们两个的座位号码相减和相除的数也是一样的。

警察在电影放映之前先到达交易的地点。放映厅里有一排排的座位，当这里坐满了人的时候，很难发现谁是犯罪团伙的人，更别说看清楚他们私下是怎么交易的。

朱警官问："你算出来他们要坐在哪里吗？"

罗警官说："算出来了。在所有自然数中，两个数相加和相乘后的数是一样的，这两个数只能是2和2。因为2加2等于4，2乘以2也等于4，所以这两个人都坐在第二排。"

朱警官又问："是第二排的哪个位置呢？"

罗警官接着说："两个数相减和相除后的结果一样，这两个数只能是4和2，因为4减2等于2，4除以2也等于2，所以他们两个座位的号码数别是4和2。再加上排数，一个是2排2号，一个是2排4号。坐的这么近，当然好交易了。"

电影要开始播放了，放映厅里的人越来越多，最后差不多都坐满了。第二排的2号和第二排的4号都坐了人。他们两个刚一坐下，电影就开始播放了，这时候，放映厅里一片漆黑。

两名警察赶快走过去把这两个嫌疑人带走了。进入隔壁房间，朱警官对他们进行了搜查，并没有找到那把珍贵的扇子。

89

"快说，你们把扇子藏到哪里了？"王警官说道。

"警官先生，我们并不知道你在说什么，我们只是看个电影而已，不清楚你们为什么要抓我们。"他们两个都不承认自己是盗窃犯，一脸无辜的样子。

"快点啊警察先生，我们还要回去看电影呢。"一个人不耐烦地说道。

这时，刚刚出去的罗警官从外面进来了，他说："别狡辩了，我已经找到证物了。"他的手里正拿着那把丢失的扇子。两个嫌疑人一看马上变了脸色，双双低下了头。

"你在哪里找到的？"朱警官问。

"就在座位旁边的扶手里，那里是空管子，扇子就塞在管子里面。"罗警官说，"可能是刚才我们过去抓人的时候，被他们发现了，然后偷偷把扇子放了进去。"

看到证物已经被拿到，而且上面还留有他们的指纹，两个嫌疑人只好坦白交代了自己的罪行。这时候，两个警官相视一笑，心中的大石头终于落下了。

面粉里藏有钻石吗?

小区里的杨爷爷以前是名警察,在边境缉私。虽然他现在退休了,不过他以前精彩的经历简直可以出一本书了,他最喜欢给别人讲他以前当警察的经历,大家也喜欢听。

这天是星期天,小区的孩子们都跑到杨爷爷家里听他讲故事,杨爷爷就给他们讲了一个他是怎么查找出藏在面粉里的钻石的故事。

现在的高科技制造出许多先进仪器,在检查走私钻石的时候,用电子仪器扫描就行了,可是杨爷爷年轻的时候还处于比较

落后的时代，那时候没有先进的电子仪器，边境所有来往的货物都要用磅秤来称。而且，那时候的磅秤还没有秤砣，不能称50千克到100千克之间的货物，很多犯人根据磅秤的这个漏洞来走私货物。

一天，几个年轻人背着5袋面粉要出边境。每袋面粉的标注是55千克，允许有4千克以内的误差。也就是说，每袋面粉的实际重量最少可能是51千克，最多可能是59千克。这些重量都是在50千克到100千克之间的，都不能直接称出来，也就没办法知道每袋面粉的实际重量了。

可是杨爷爷总觉得这几个扛着面粉的人很可疑，只有5袋面粉，他们却有8个人护送，而且每个人的表情都很紧张。杨爷爷

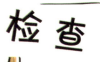

怀疑这些面粉有问题，可能有的面粉里面藏有钻石，可是每袋面粉的重量又不能直接称出来，就不知道钻石是藏在哪一袋里。如果要查找的话，只能把每袋面粉都打开，一点点地查看。

当时有很多人在后面排队，一点点地查看会耽误后面要过境的人。这时，那几个拿面粉的人催促道："快一点，我们要赶不上汽车了。"

杨爷爷灵机一动，想出了计算出每一袋面粉的方法。他把5袋面粉两两组合在一起，成了10对组合，一共称了10次。这10次的重量按照从小到大的顺序排列是110千克、112千克、113千克、114千克、115千克、116千克、117千克、118千克、120千克、121千克。

杨爷爷开始在纸上计算起来，把这10个数字相加就是1156千克，也是5个口袋重量总和的4倍，说明5袋面粉的重量加起来是289千克。他把5袋面粉按照重量从小到大排列为A、B、C、D、E，所以在之前称出来的10个

重量中，最小的数量110千克就是最小的数目A、B的重量之和，而第二的数量112千克就是A、C两个口袋的重量之和，最大的数量121千克就是最重的D、E两个口袋的和，倒数第二个数量120千克就是C、E两个口袋的重量之和。因此也

就可以得出A＋B＝110（千克），A＋C＝112（千克），C＋E＝120（千克）……D＋E＝121（千克）。他再把第一个和第四个公式相加，可以得出A、B、D、E这4个口袋的总重量为231千克。

因为5个口袋的重量总和是289千克，所以用289减去231就是C的重量，再根据上面的四个公式可以一次算出A袋面粉是54千克，B袋面粉是56千克，D袋面粉是59千克，E袋面粉是62千克。

每袋面粉的重量标注为55千克，误差是4千克，那么最重的一袋面粉也应该是59千克。很显然，E袋面粉超重了，有62千克。也就是说，这袋面粉里至少藏了3千克的钻石。

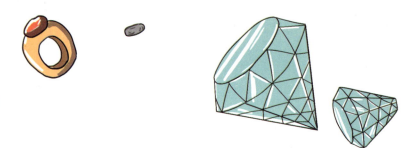

　　杨爷爷根据这个计算结果，立刻把运送面粉的人抓了起来，后来果然在那袋最重的面粉里搜出了钻石。

　　听了杨爷爷的探案经历，孩子们都佩服得不得了，尤其是数学最差的露露。她决定以后一定好好学习数学，因为杨爷爷说了，数学的用处可大了，生活中处处有数学。

藏有宝物的箱子

最近有一伙盗窃分子很猖獗，经常在城市里各大珠宝店里盗窃宝物。昨天晚上，这个城市里的最大珠宝店也被盗了，有一批价值连城的珠宝不翼而飞。珠宝店的老板在半夜报警，警车在夜色中呼啸着开往珠宝店。

警察连夜对珠宝店进行了检查，并没有发现任何线索。张警官决定第二天去其他地方的珠宝店看一看，因为盗贼偷走了珠宝总是要卖到其他地方才能赚到钱，不可能把珠宝一直藏在手里。

张警官在市里的几个珠宝店都转了一圈，并没有发现有出售珠宝的迹象。他急着破案，就打电话给自己的偶像——林局长。林局长曾经也是个破案高手，他现在

已经退休了。

林局长听张警官把事情讲了一遍，就对他说："那些盗贼当然不敢明目张胆地把珠宝送到别的珠宝店卖。"

张警官虚心求教："那我应该去什么地方找呢？"

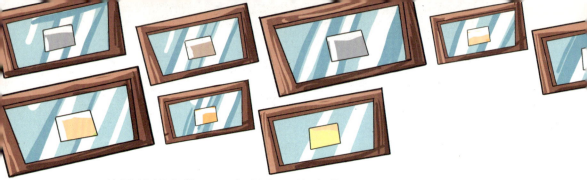

　　林局长指点他："去那些比较隐蔽的地方，比如卖古董和珠宝的小巷子。那些地方都是私下交易，盗贼应该比较放心。"

　　张警官觉得林局长的话很有道理，于是道谢后挂了电话，赶紧去找那些贩卖珠宝的民间点。他觉得自己就是个笨蛋，连这个简单的道理都想不通。

　　这天下午，张警官来到一个小巷子，只见一个人鬼鬼祟祟地走到他身边，问："先生，要不要买珠宝？质量很好的。"

　　张警官觉得这好像是条线索，他点点头说："去哪里买？"

　　那人对他说："跟着我走吧。"

　　张警官跟着那个人在巷子里拐来拐去，终于来到了一个房间。张警官一看，原来这是一家殡仪馆，里面放着许多骨灰盒。房间里还站着一个青年人，带路人把张警

官介绍给那个青年人。

张警官对那个青年人说："把你的好货都拿出来。"

青年人一看是个大客户，连忙弯着腰带他去看货。房间里的骨灰箱上有从1到100的编号，青年人拿着笔在纸上写着：一个数＋396＝824。很显然，这个数是428。青年人把编号428的骨灰箱拿过来，里面放着一个精美的翡翠佛像。

当青年人把翡翠佛像递给张警官时，看到了他别在腰里鼓鼓的手枪。他知道这是一个警察，于是把装着佛像的骨灰盒往张警官身上一丢，马上就跑掉了。等张警官反应过来的时候，那人早就跑得没影了。

张警官转身去抓那个带路人，带路人哭着说："我什么都不知道，我只负责带路，每带来一个人，那人就会付给我100

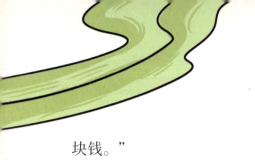

块钱。"

这里堆积着很多骨灰盒，一个一个地找很浪费时间。张警官问带路人："你知道珠宝都放在哪些盒子里吗？"

带路人说："我只知道珠宝是放在10个盒子里的。这些骨灰盒是有联系的，而且都是400多号的。"

看来这人是真不知道什么了，张警官开始自己思考起来。他发现把428的每个位的数字换一下就是824，其他数字也应该有这样的规律。这个规律就是：和的十位上的数字与第一个加数的十位上的数字相同，所以个位上的数字相加一定要向十位进1，并且1与第二个加数396十位上的9相加得整数10向百位进1；和的百位上的数字都是8，而十位上的数字可以是从0到9的所有数字。所以，放有珠宝的另外9个骨灰盒的号码分别是408，418，428，438，448，458，468，478，488和498。

张警官很容易就找出了这几个骨灰盒，打开一看，果然每个里面都放着珠宝，而且都是前天晚上从那家最大的珠宝店里偷走的。根据这个殡仪馆里留下的线索，张警官最后把这个犯罪团伙抓住了。

珠宝盒是谁偷走的？

　　小李和小杜都是警察。这两天正在放假，他们决定乘船去游览江边的风光。现在，他们两人正站在船头上，这艘大船在逆流而上，所以速度有些慢。

　　正在两个人欣赏风光的时候，一位船上的工作人员来到他们面前，说："刚才听你们跟一位乘客聊天，知道你们是警察。现在船上发生了一件麻烦事，请两位帮忙解决一下好吗？"

　　小李说："当然，这是我们的职责。"

　　工作人员带着他们来到一位夫人面前，这位夫人正在擦眼

泪。工作人员说："这两位是警察，你把具体情况告诉他们。"

这位夫人哽咽着说："我的珠宝盒不见了，这个珠宝盒是用名贵的木头制作的，本身就很贵重。而且，珠宝盒里还放着两颗宝石。这两颗宝石是我的婆婆传给我的，让我传给我的儿媳妇。我和儿子不住在一起，这两颗宝石我一直带在身上，现在我的儿子要结婚了，我准备在他的婚礼上把宝石亲手交给我的儿媳妇。可是现在宝石不见了，我不知道怎么去见儿媳妇，我事先都跟她说好了。"

小李说："别着急，你先把知道的事情都说清楚。有没有别的人知道你身上带着两颗珠宝？"

夫人说："我没有告诉别人，不过因为这个珠宝盒很重要，所以我走到哪里就带到哪里。"

小杜说："很可能是跟你接近的人趁你不注意把珠宝盒偷走

了。你要好好想想，今天在船上你接触了哪些人。"

　　夫人说："我早上在船上的餐厅吃饭的时候，碰到一位姓夏的太太。我们两个人很聊得来，我就邀请她去我的房间聊天。9点的时候，我和夏太太在我的房间聊天，9点过5分的时候，服务员来打扫房间，我们两个就站到了外面的甲板上。"

　　这位夫人说着说着又哭了，两个警察都安慰她。小李说："接下来呢？"

夫人说："甲板上风很大，9点10分的时候，我回房间去拿衣服，看到服务员在移动我的行李，我就跟她争吵，说主人不在的时候不能动行李。那个服务员还说是为了把房间打扫干净。为这事，我们吵了10分钟，到9点20才结束。9点25分的时候，夏太太到我的房间来叫我去聊天。刚吵架的我心情不好，就没有出去。"

小李问："然后呢？"

夫人说："服务员9点30分才离开我的房间，这时候我突然发现珠宝盒不见了。"

小杜问夫人："珠宝盒是什么颜色的？"

夫人回答说："是红色的。"

听到这里，小李和小杜的心里已经有数了。夫人在船上就接触了夏太太和服务员两个人，偷珠宝

盒的就是她们其中的一个，也可能是她们合伙作案。

这时，船上的工作人员过来说："在船尾的水面上漂浮着一个红色的盒子。"

夫人趴在船尾一看，大声说："那就是我的珠宝盒。"

小李说："我们应该把珠宝盒打捞上来。"

船长派人把一艘小船放入水里，让他们去打捞珠宝盒。这时，小李看了下手表，时间正好是10点30分。

珠宝盒在顺流向下漂，不过还是赶不上小船的速度，人们很快就把盒子打捞上来了，这时候的时间是11点45分。

上了大船后，小李掏出笔来计算，把水流速度设为u，船在静水的速度为v，那么船在顺流时的速度就是u＋v；逆流时的速度为v−u，扔下珠宝盒的时间为t，这样就可以列出一个公式（u−v）（10：30−t）＋（11：45−t）u=（u＋v）×（11：45−10：30），可以算出来t等于9点15。

9点15分，夫人正在和服务员吵架，那么小偷就是夏太太了，是她趁着两人吵架的时候偷走了珠宝盒。

是谁偷走了金表？

　　这是一家大型的金品店，里面卖的都是昂贵的金饰品。今天，这个店在做一个大型的展览，展示的内容是一批刚到的名贵金表。

　　来观看展览的人非常多，大厅里人们推来推去的，秩序非常混乱。很快，工作人员已经控制不住场面了，人群拥挤到柜台前。

"啪"的一声，柜台前的一块玻璃被挤破了。这个柜子里展示的是一块很昂贵的金表，有人趁乱把手伸进了柜台里，偷走了那块金表。

工作人员报警后，警察很快赶来了。通过审查，警察发现推挤的人群中有四个人非常可疑。工作人员说："金表只丢失了一块，所以这四个人中有一个是小偷。"

为了方便，警察把这四个人分别叫作甲、乙、丙、丁，并且对他们进行了审问。

甲说："手表是乙偷的，我亲眼看到的。"

乙说："骗人，我看见手表是丙偷的。"

丙说："乙在说谎，他是要陷害我。"

丁说："我不知道是谁偷的手表，反正我不是小偷。"

警察分别对这四个人进行了严格的审问，最后发现小偷真的是这四个人中的一个。小偷被抓捕归案了。

金表找回来了，金店的老板很高兴，他对这件事很感兴趣，就去问警察："你们是怎么找到小偷的呀？"

警察听说这个金店的老板很聪明，尤其是很擅长数学，就故意想考考他。警察对老板说："这四个人最开始

111

每人说了一句话，可是只有一个人说的是实话，其他人说的是谎话。只要你发现谁在说实话谁在说谎话，就能找到小偷了。"

金店老板想了想那四个人说的话，他说："这是运用数学逻辑中的排中律进行分析判断的，给我一点时间思考一下。"

金店老板开始在心里盘算着：这四个人中有一个是小偷，一个人说了实话，而其他人说了假话，这就是"一真三假"，也是日常生活中判断是非的准则。到底谁说了真话，谁说了假话，可以一一验证一遍。

如果假设甲是小偷，甲说手表是乙偷的，那他就在说谎。而乙说手表是丙偷的，他也在说谎。丙说乙在陷害自己，他说的是真话。丁说自己不是小偷，也是在说真话。那么，这四个人中就

有两个人在说真话了，这不符合"一真三假"的说法，所以这个假设不对。甲不是小偷。

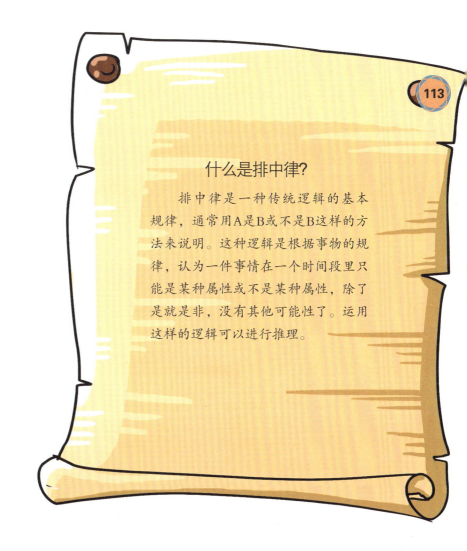

什么是排中律？

排中律是一种传统逻辑的基本规律，通常用A是B或不是B这样的方法来说明。这种逻辑是根据事物的规律，认为一件事情在一个时间段里只能是某种属性或不是某种属性，除了是就是非，没有其他可能性了。运用这样的逻辑可以进行推理。

　　再假设乙是小偷，也可以推断出有两个人在说真话，所以这个推断也不对。用同样的方法可以推断出丙也不是小偷，那么小偷只可能是丁了。

　　如果小偷是丁的话，丁说自己不是小偷，那么他说的话是假的。而甲说手表是乙偷的，他说的也是假话。乙说手表是丙偷的，同样是在说假话。丙说乙在陷害自己，他说的是真话。所以，这四个人中只有丙说的是真话，其他三个人都在说假话，符合"一真三假"，所以这个假设是正确的，丁就是小偷。

第四章

数学巧算现谜底

游泳池的修改方案

今天，公安局接到一个施工队的报案，说有人拿了施工的钱逃跑了。警察赶到现场，对现场情况进行了解。

负责这次项目的是小卫，他对警察说："这里要修建一个大型的游泳池，我是这个项目的负责人，我把这个项目承包给了施工经理张亮。游泳池修建完以后，张亮刚拿到钱就跑得没影了。"

警察人员说："你能形容一下张亮的外貌特征吗？我们要发一个通缉令。"

在小卫把张亮的外貌特征描绘出来后，警察立刻把通缉令打印出来并且发出去了。

　　通缉令是这样写的：张亮，男，现年33岁，原太阳建筑队经理，在承建游泳池工程项目中，他诈取巨额建造费用，现已畏罪潜逃。特此通缉。

　　一个新来的年轻警察还是没弄明白，他说："游泳池不是已经建造好了吗？为什么说他诈骗建造费用呢？他拿钱不是应该的吗？"

　　小卫说："因为他修改了游泳池的设计方案。"

　　年轻警察又问："他是怎么修改的？"

　　小卫说："原来的游泳池是这样设计的：长30米，宽30米，深2米。张亮说现在很多游泳比赛是50米或100

米的，为了方便比赛，可以把游泳池的长和宽改一下，变成长50米、宽10米，这样周长还是120米，跟原来一样。张亮说这样合同也不用修改了，也按照原来的价格来付。我当时也没有想那么多，直接签了合同，没想到上当了。"

年轻警察还是一副迷糊的样子："怎么上当了呀，我也没听出来呀？"

旁边的一位资深的警官说："这还不明白，赶紧回去学数学吧。"

小卫接着说："我当时也跟这个警察一样，还没想明白就签合同了，现在后悔死了。"

那个资深警官说："你真是太糊涂了，原来的游泳池长和宽是一样的，也就是正方形的。修改后的游泳池变成了长方形，虽然周长是一样的，但是面积变小了。这样可以节省很多材料，你却按照以前的价格给他付钱，当然让他诈骗了不少钱。"

年轻警察听了半天也不明白，他说："求求你们给我说清楚一些吧。"

小卫说："我现在已经能完全算清楚了，我算给你听一下。挖游泳池要用工人，平均挖1立方米的人工费用是5000元。另外，游泳池里面还要贴磁砖，每

119

平方米磁砖的价格是7500元。 原来游泳池的体积是30乘以30再乘以2，结果是1800，也就是说建造游泳池需要挖出1800立方米的土。而修改以后的游泳池体积是50乘以10再乘以2，结果是1000，也就是说只需要挖1000立方米的土。1800减去1000是800，修改后的游泳池比修改前的游泳池少挖了800立方米的土。每立方米的人工费是5000元，5000乘以800等于4000000。光是在人工费这一项上，张亮就骗走了4000000元，这已经是一笔不小的金额了。"

年轻警察吃惊地说："这么多钱啊，现在我才明白是怎么回事。现在我也会计算了，我来算一下在磁砖上他骗了多少钱。游泳池需要贴磁砖的面积是池底和池子的四周。原来游泳池的面积是$30 \times 30 + 30 \times 2 \times 4$，得出来的面积是1140平方米。修改后的游泳池面积是$50 \times 10 +（50 + 10）$

×2×2，得出来的是740平方米。1140减去740等于400，需要贴磁砖的面积减少400平方米。磁砖每平米价钱是7500,这个数字乘以400等于3000000。天啊，在磁砖上他又骗了这么多钱。"

小卫说："是啊，3000000加4000000等于7000000，这个张亮一共骗取了我7000000元的钱，我可真是个笨蛋。"

资深警官说："从这件事我们可以看出，在周长相等的情况下，正方形的面积是最大的。数学果然是很重要啊！"

谁是凶手？

最近，如果在大街上随便拉一个年轻人，问他最喜欢的偶像是谁，很多人都会回答是杰西。杰西是谁呢？他是这个城市最优秀的足球运动员。在和别的地方的球队进行比赛时，杰西是所有球员中进球数量最多的，为这个城市赢得了不少荣誉。而且，杰西个子高大，相貌英俊，所以在年轻人中非常受欢迎。

上个星期杰西又去外地比赛了，昨天刚刚载誉归来，人们对他的迷恋更加狂热了。

这天下午，杰西住所周围的很多人都听到了几声枪响。当人们赶到杰西的房间门口时，发现他已经倒在血泊中了。

警察接到报案后很快赶来，发现杰西的死状非常惨，胸口中了3枪，可见凶手是多么想杀死他。

通过对周围人的调查，警察发现杰西为人非常平和，基本上没有得罪过人，不太可能是仇杀。因为杰西最近的表现太突出了，警察推断可能是有人因为嫉妒而杀死了他。

警察对杰西附近的居民进行了一个一个的访问，有好几个人都说听到枪响的时间是下午5点零6分，看来这个数字是准确的。

警察对杰西的住所进行了搜查，发现了一个记事本。原来，杰西生前就察觉到有人想谋害他了，他在记事本中写下了三个嫌疑人的名字。警察马上对这三个人进行了调查。

这三个嫌疑人分别是足球教练林先生、汤先生和橄榄球教练余先生。在杰西遇害的这天下午，这三位教练分别有自

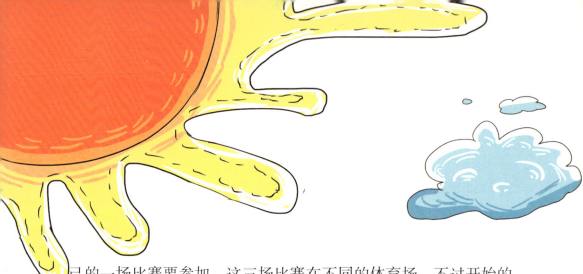

己的一场比赛要参加。这三场比赛在不同的体育场，不过开始的时间都是3点钟。在比赛过程中，三位教练一直在现场，直到比赛结束才离开。

林教练参加的是锦标赛，地点在杰西家附近，走路只需要10分钟就到了。余教练参加的是普通的友谊赛，地点离杰西家有60分钟的路程。而汤教练参加的是冠军决赛，所在的体育场离杰西家有20分钟的路程。

警察说："根据这些线索足以判断出谁是凶手了，利用简单的加减法就可以了。比赛开始的时间是下午3点，而橄榄球比赛需要80分钟，这还不包括中间休息的时间。等比赛完了已经超过下午4点20分了，从比赛地点到杰西家需要60分钟，赶过去就已经超过下午5点20分了，他不可能在5点零6分的时候开枪射击。所以，余教练不可能是凶手。"

按照这样的推算方法，也可以算出凶手不是林教练。因为林教练参加的足球锦标赛，比赛时间是90分钟，中场休息15分钟。可是两方打成了平局，最后又延长30分钟决定胜负的时间。这场比赛完了以后，时间已经超过下午5点15分了，林教练也不可能是杀人凶手。

这样看来，凶手只能是汤先生了。汤先生参加的冠军赛最后没有加时赛，比赛时间就只有90分钟，再加上中场休息15分钟，这场比赛结束的时间是下午4点45分，而汤先生从比赛场地赶到杰西家只需要20分钟。如果他比赛一结束就立刻离开，到达杰西家的时间应该是5点零5分，只有他可能在5点零6分的时候开枪。

根据这样的推论，警察抓住汤先生进行审问。原来，因为杰西不是在他的队伍，导致他的队伍总是不能赢，所以他很痛恨杰西，才会对他痛下杀手。

粮食和士兵

　　喜欢历史的同学都知道，历史上有一个刘邦。刘邦是汉朝的开国皇帝，在汉朝以前是秦朝，秦朝末年的刘邦还只是农民起义军的一个首领。

　　秦朝末年，各地农民无法忍受朝廷的残酷剥削和压迫，纷纷起义反抗朝廷，爆发了轰轰烈烈的农民起义。经过大大小小的战役后，农民起义军大致分成两股势力，分别是以项羽为首的起义军和以刘邦为首的起义军。

　　刘邦和项羽的手下有很多有才干的人，有一个贫苦的青年叫韩信，他是一个很有才华的人，可是去投靠项羽的时

候并没有得到重用。于是，韩信又改投刘邦了，刘邦很看重这个年轻人。

有一次，刘邦的手下萧何和韩信正在讨论事情，一个士兵进来报告说："萧大人，刚才有几支部队来要粮食，可是我怎么也不能分好。"

萧何问："怎么回事？"

那个士兵说："如果给每支部队分50石粮食，那么还剩100石粮食。可是如果给每支部队分70石粮食，就还差60石粮食。我实在不知道怎么分了，只好来打扰大人。"

萧何问："那仓库里一共有多少粮食？来了多少支队伍？"

士兵支支吾吾地答不上来，萧何发脾气说："你是怎么办事的？连我们的粮食总数都不清楚，来了多少支要粮食的队伍也不清楚，我要你有什么用？"

这时，韩信说："别发脾气，我给你算一下吧。先给每支队伍分50石粮食，剩下100石粮食。假设再加上60石粮食，刚好再给每个队伍分20石粮食，那么每个队伍就有70石粮食了。所以，用100加上60等于160，再用160除以20就等于队伍的数目了，这次一共来了8支队伍。50乘以8再加上100等于500，所以粮食的总数就是500石。"

萧何听后称赞道："你可真聪明啊，这都能被你算出来。"就这样，萧何的怒气也消了，也不再去惩罚那个士兵了。

还有一次，萧何跟韩信去检查新来的士兵，其中有一小

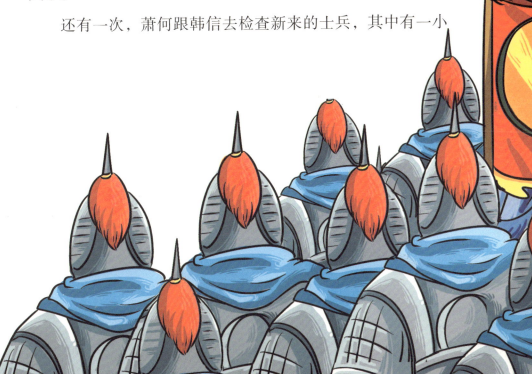

股士兵乱哄哄的，队伍一点都不整齐。萧何问带头的人："这里是怎么回事？"

带头人说："这是刚到的新兵，可是不知道怎么排队。如果每150个人排一队，还多出50个人，如果每200个人排一队，还差100个人。"

萧何问："那他们原来是几队，一共有多少个士兵？"

带头的人摇摇头，这时韩信在旁边说："我已经算出来了，让他们排成5队吧。"

士兵排成5队后队伍果然很整齐了，每个队的人数都是一样的。萧何问韩信："你是怎么算出来的？"

韩信说："其实跟上次算粮食的方法一样，用100加上50等于150，再用150除以200减去150的差，也就是150除以50等于3，所以原来的队数是3。3乘以150再加上50等于500，所以队伍一共有500人，排成5队刚好每队100人。"

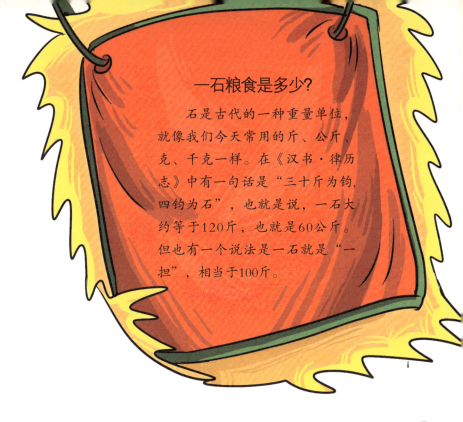

一石粮食是多少？

石是古代的一种重量单位，就像我们今天常用的斤、公斤、克、千克一样。在《汉书·律历志》中有一句话是"三十斤为钧，四钧为石"，也就是说，一石大约等于120斤，也就是60公斤。但也有一个说法是一石就是"一担"，相当于100斤。

萧何大笑着说："你的算术太厉害了，以后我们可离不开你了，一有算术的问题就都来请教你啊。"

韩信说："当然没问题了。"

山洞有多长?

"同志们快上车，出事了。"陈警官对其他警察说道。

看到陈警官严肃的表情，警察们快速地坐上了车。在开车的路上，一个人问道："陈警官，发生了什么事？"

陈警官说："刚才接到报案，一家酒店发生了枪击案。"

警车快速开到了案发现场。酒店的大堂中间躺着一个人，身上中了一枪，衣服被鲜血染红了，已经没有呼吸了。

陈警官指挥大家把现场封锁起来，他问酒店的负责人："到底是怎么回事？"

酒店负责人说："是两个黑社会团伙发生了冲突，一开始只

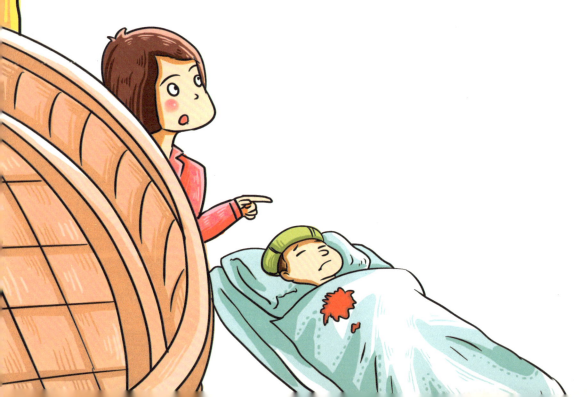

是打架，谁知道后来有人掏出了枪。这个人只是普通的路人，却不幸被射中了，他倒下后那些黑社会的人都逃跑了。"

陈警官问："看到开枪的那些人逃到哪个方向了吗？"

酒店负责人说："隐约听到一个人说到火车站。"

陈警官对其他警察说："罪犯想坐火车逃走，我们现在就去火车站。"

他们到火车站的时候火车正准备开走，警察们赶紧上了火车。可是火车上的乘客非常多，警察们只能慢慢搜索。陈警官来到乘务员那里，向他们表明了自己的身份，说自己正在办案。火

车上的工作人员表示，有什么要求尽管说，他们一定会全力配合的。

在其他警察搜查的过程中，陈警官给警察局打了电话，要求派一架直升机跟踪这列火车，以防罪犯乘机逃跑。

过了一会儿，火车很快要通过一个山洞。工作人员告诉陈警官："我们这辆火车的行驶速度是每秒8米，火车的长度是80米，要完全通过这个山洞需要50秒。"

山洞的前面有一个高高的铁塔，当火车刚刚靠近洞口的时候，突然有人从窗口跳了出去。陈警官对大家说："罪犯从窗口跳了出去，他们肯定会从另一头的洞口出来的，我马上让直升机飞到那里等着。"

只见陈警官拿起了电话说到："是空军指挥部吗？我是陈警官，请你们把直升机开到火车经过的山头，在铁塔前面320米的地方停下，罪犯会从那里出来的。"

这时，一位火车上的工作人员问道："陈警官，你怎么知道要在铁塔前320米的地方停下来？"

陈警官说："因为我计算了山洞的长度，把山洞的长度设为X，火车从山洞完全开出来需要多行驶一列火车的长度，所以火车从山洞中开出来行驶的路程是X加上火车的长度80米。而火车的速度是每秒8米，通过山洞的时间是50秒，因此火车过山洞所行驶的距离就是50乘以8，也就是400米。所以，X就等于400减去80，也就是320了。"

按照陈警官的算法，直升机在铁塔前320米的地方落了下来。警察在山洞出口附近的小树林里抓到了那些罪犯。

巧算鲤鱼的数目

张教授是一位大学老师，同时也是一位生物学家。他最喜欢做的事就是在实验室里研究各种生物和细菌，做实验能让他忘记周围的一切。

这天，张教授又连续在实验室里工作了十几个小时，晚上他非常疲惫，揉了揉眼睛就离开了。太过疲惫的张教授似乎忘记了一件事情，就是没有把关小动物的笼子门关好。

第二天早上，张教授来到实验室的时候，发现实验室变得乱七八糟。桌子上的瓶瓶罐罐被撞倒了，有的瓶子还摔破了，从里

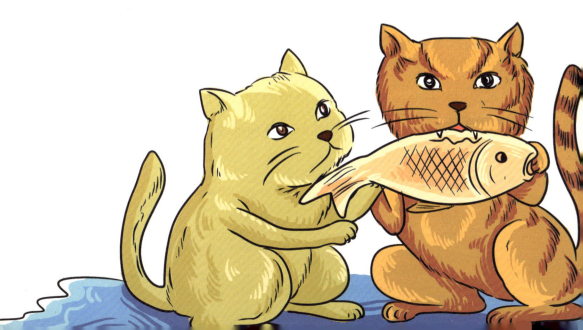

面散发出难闻的气味。张教授大叫一声："这下糟了。"因为他发现关在笼子里用来做实验的两只波斯猫跑掉了，这两只猫的身上带着可怕的病毒，如果传染给人类就完了。

张教授赶紧打电话报警，自己也顺着猫逃走的痕迹追踪了过去。跟着两只猫留下的足迹，张教授来到了学校的食堂门口，发现那两只猫正在大口吃着一条鲤鱼。

这时，警察也赶来了，他们问张教授："是不是把这两只猫抓回去就没事了？"

张教授摇摇头说："这两只猫在吃鱼，说明它们刚才在食堂的水池里抓鲤鱼。猫很可能在抓鱼的过程中把病毒传给鲤鱼，所以要把水池中的这些鲤鱼都抓起来处理掉。不然，这些鲤鱼被人

类吃掉也会感染上病毒的。"

警察说："可是水池里有很多水产品，除了鲤鱼还有各种贝壳、虾蟹等，要全部都抓起来吗？"

张教授说："不用那么麻烦，只用把所有的鲤鱼都抓起来就行了。"

警察问："水池里的鲤鱼有那么多条，我们也不知道是不是全部抓完了，万一还有漏掉的怎么办？"

一个警察把食堂的师傅叫来了，他问："你们水池里一共有多少条鲤鱼？"

食堂的师傅挠挠自己的头，不好意思地说："其实我也不清楚鲤鱼的数目，这些水产品都是昨天一起买的，总共花了3600元。我的账本上有记载，黄金贝是130元一只，白玉贝是104元一只，大青虾是78元一只，鲤鱼是170元一条。这两只猫吃掉了一

条鲤鱼，其他的鲤鱼都还在池子里。"

　　警察们都表现出一副为难的样子，他们觉得师傅说的这些根本就没用，还是不知道鲤鱼有多少条。

　　张教授哈哈一笑说："这有什么难的，我上小学的孙子都能算出来。"

　　一个警察说："其实我以前上学的时候应该也会算这样的问题，只不过后来时间长了就忘记了。"

　　张教授说："这样的数学算法可不能忘记了，生活

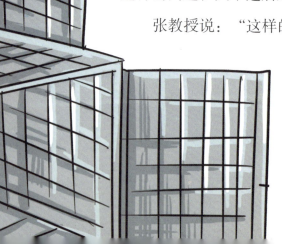

中有很多地方要用到的。"

警察说："好了，张教授，以后我会认真把忘掉的数学补回来的。现在麻烦你先把鲤鱼的数目算出来吧，我们还等着捞鱼呢。"

张教授说："仔细观察一下这些水产品的价格，我们会发现除了鲤鱼以外，其他水产品的价格都是13的倍数。也就是说，不管买多少数量的水产品，价格的总和也都是13的倍数，当然不包括鲤鱼。每条鲤鱼的价格是170元，用170除以3，余数是1。也就是说，每买一条鲤鱼剩1元。买水产品的总价钱是3600元，用

3600除以13，得到的余数是12，说明鲤鱼一共有12条。被两只猫吃掉了一条，那么还剩下11条鱼。"

一个警察佩服地说："张教授可真厉害啊，这样的算法我可算不出来。那你能算出来其他每样水产品的数量吗？"

张教授说："这就不在我的考虑范围之内了，你们还是赶紧抓鱼吧，抓完鱼回家好好补习数学，哈哈。"

车行驶的距离

城市的西郊外是密密麻麻的丛林。一个漆黑的夜晚，一辆汽车悄悄停在了这里。从汽车上走下来两个年轻的男子，他们两个一开始在小声交谈着，说着说着声音越来越大了，后来变成了争吵。

只听其中一个人对另一个人说："去死吧！"他使劲推了一下，那个人就滚下了山坡。

推人的那个年轻人并没有惊吓到，他还跑到山坡下看那个人是不是真的摔死了，确认那个人没有气息了之后，他才放心。在漆黑的夜幕下，这个人独自开着汽车离开了。

　　第二天，山下摔死的年轻人就被发现了，第一发现人赶紧打电话报警。因为是在荒郊野外，很难找到目击证人，警察就把案子在报纸上登了出来，看能不能在群众中找到线索。

　　过了两天，有个人来到警察局，他说："我看了报纸上报道的案件，我是来提供线索的。我家就住在那附近，平时我都骑摩托车从那里经过。我是在城市里的工地上当工人的，晚上就在工地上睡觉。那天晚上天气太冷了，我又没有带厚被子，半夜我就被冻醒了。想到第二天白天刚好不用上班，我就想着干脆半夜直接回家算了，于是骑着我的摩托车回西郊的家。"

　　警察不知道这个人的话可不可靠，就问他："你明明第二天不用上班，为什么当天晚上不回家，还要在工地上休息？"

　　那个人说："我们工地下班时已是晚上10点多了，那么晚了只好等第二天再走了。"

　　警察接着说："那你说说你看到了什么。"

　　那个人说："我在报纸上知道发生惨案的地点。那天晚上，我骑着摩托车经过那里时，看到了一辆黑色的小汽车从那里开过。"

警察问："你看清楚了吗？"

那个人说："连车牌号都看清楚了。"接着，他就把车牌号报了出来。

警察到这个人说的工地上查证，那里的工人证明他没有说谎，他的确是半夜三更回去的。警察根据车牌号很快找到了汽车的主人，汽车的主人是一个叫陈伟的小伙子。

145

听了警察的讯问后，他赶紧说："我看报纸了，搞半天那是我的车啊。那天晚上我可没出门，我把车借给我的朋友张乐了。"

警察又去找到了张乐。张乐说："那天晚上，我的确借了他的汽车，不过就是在附近兜兜风，没有离开太远。陈伟那人是个小气鬼，每次把车借给别人的时候都要先看看里程表，他会按里程收费的，别人用他的车开1000米就要给他100元。那天我把车还给他的时候，车上的里程表显示我开了20千米，而发生事故的地点离我这里往返有40公里呢。"

警察又问了陈伟，他说那天张乐还车的时候，里程表的确显示只开了20千米。

这件事很奇怪，警察为此开了一个讨论会，让大家发表自己的看法。一位警察说："我知道这是怎么回事，凶手是张乐。里程表是按照车轮转动的数目来增加的，如果车轮倒退的话，里程表上的数字也会减少。张乐特意说明事故地点离他那里往返40公里，其实他正常开了30千米，又倒退开了10千米，30减去

10等于20，所以里程表上的数目只显示20千米。"

另一个警察说："怪不得张乐那么清楚事故地点离城区的距离呢，这个往返40公里我们在报纸上可没说，他还计算挺准的。"

根据这个推理，警察又进一步审问了张乐，他最终承认了自己的罪行。